Richard Rühlmann

Untersuchung über die Änderung der

Fortpflanzungsgeschwindigkeit des Lichtes

im Wasser durch die Wärme

Richard Rühlmann

Untersuchung über die Änderung der Fortpflanzungsgeschwindigkeit des Lichtes *im Wasser durch die Wärme*

ISBN/EAN: 9783743656093

Hergestellt in Europa, USA, Kanada, Australien, Japan

Cover: Foto ©berggeist007 / pixelio.de

Weitere Bücher finden Sie auf **www.hansebooks.com**

Untersuchung

über die

Aenderung der Fortpflanzungsgeschwindigkeit des Lichtes im Wasser durch die Wärme

von

Moritz Richard Rühlmann,
Lehrer der descriptiven Geometrie an der Realschule zu Leipzig.

〰〰〰

Gedruckt als

Inauguraldissertation

zur Erlangung der Doctorwürde

in der

philosophischen Facultät der Universität Leipzig.

Berlin 1867.

Gedruckt bei A. W. Schade,
Stallschreiberstraße No. 47.

Seinen hochverehrten

Lehrern und väterlichen Freunden

Herrn Prof. Dr. Hülsse

K. S. Geh. Regierungsrath, Director des Polytechnikum zu Dresden, Ritter des Sächs. Verdienstordens und des Bair. Verdienstordens zum heil. Michael ·

und

Herrn Prof. Dr. Hankel

Director des physikalischen Cabinetes der Universität Leipzig, Ritter des Sächs. Verdienstordens

in aufriohtiger Dankbarkeit und Hochachtung

gewidmet vom

Verfasser.

Vorwort.

Es ist mir ein dringendes Bedürfnifs der nachfolgenden Abhandlung einige Worte vorauszuschicken. Es geschieht dies hauptsächlich um eine Pflicht der Dankbarkeit gegen diejenigen Männer zu erfüllen, durch deren Beistand es mir möglich geworden ist die ziemlich ausgedehnten experimentellen Arbeiten auszuführen, welche die Grundlage meiner Untersuchung bilden. — In erster Linie gebührt da mein Dank meinem hochverehrten Lehrer Herrn Professor Dr. Hankel, durch dessen Güte mir sowohl die meisten Apparate, als auch der geeignete Raum im Physikalischen Cabinet zur Verfügung gestellt wurde und der mir aufserdem nicht nur durch seine aufserordentlich ausgedehnte Literaturkenntnifs hülfreich beistand, sondern dem ich auch fortwährend Rath, Auskunft und freundschaftlichste Aufmunterung verdanke.

Ferner wurde ich bei meinen Untersuchungen auf das Lebhafteste durch Herrn Professor Dr. Bruhns und Herrn Professor Dr. Kolbe gefördert, indem mir ersterer Instrumente der Sternwarte und letzterer Präparate aus seinem Laboratorium mit ausgezeichnetester Liebenswürdigkeit zur Benutzung überliefsen.

Nur durch die Güte aller dieser Herren ist es mir möglich geworden mit meiner Arbeit das Ziel zu erreichen, welches ich mir in erster Linie gesteckt hatte. Mögen sie gestatten auf diese Weise den Gefühlen meiner Dankbarkeit nochmals Ausdruck zu geben.

Was die Arbeit selbst betrifft, so muß ich die Beurtheilung ihres Werthes den Autoritäten meines Faches überlassen und kann nur um Nachsicht bitten für die redlichen Bemühungen, die ich wahrlich nicht gescheut habe. Der einzige Zweck meiner Untersuchung sollte nur der sein, ein wenig angebautes Feld der Physik cultiviren zu helfen, und auf diese Weise zur Förderung der Wissenschaft mit beizutragen.

Gleichzeitig erlaube ich mir zu bemerken, daß dieser Abhandlung andere, ähnliche folgen sollen und daß ich hoffe durch diese Studien dann diejenigen Anschauungen über die Natur des Lichtes zu rechtfertigen, wie ich dieselben schon in dieser Schrift entfernt angedeutet habe.

Leipzig im Juli 1867.

Der Verfasser.

I.

Kritischer Rückblick auf die bisherigen experimentellen Arbeiten.

Die Thatsache, dafs die Lichtbrechung zumal bei Flüssigkeiten durch die Wärme sich ändert, ist schon lange bekannt. Die ersten diefs beweisenden Zahlen, die in die Oeffentlichkeit gedrungen sind, dürften wohl die Bestimmung der Brechungsexponenten des Cassiaöles bei verschiedenen Temperaturen seyn, die von Baden-Powell [1]) herrühren, obgleich schon Arago [2]) eine Untersuchung über die Aenderung des Brechungsindexes mit der Temperatur beim Wasser zwischen 0° und 10" mit Hülfe seines Interferenzialrefractors [2]) angestellt hatte. Die Resultate Arago's sind zweideutig. Mit Hülfe desselben Apparates, an dem nur wenige Theile verändert waren, unternahm später Jamin [3]) eine Untersuchung über den Brechungsindex des Wassers und fand eine entschieden ausgesprochene Abnahme desselben mit der Temperatur [4]). Er beobachtete ferner, dafs derselbe nicht wie die Dichte

---

1) Pogg. Ann. Bd. LXIX.

2) Arago's sämmtliche Werke, deutsch v. Hankel Bd. 10, S. 257 etc. und S. 247. Er findet, dafs das erwärmte Wasser das Licht stärker bricht, als in kaltem Zustande

3) *Description d'un nouvel appareil de recherches fondé sur les interférences. Compt. rend. XLII, 482 bis 485.*

4) Jamin. *Sur la vitesse de la lumière dans l'eau à diverses températures. Compt. rend. XLIII, 1191 bis 1194.*

8

eiu Maximum bei 4° hat, sondern von 0° aufwärts immer abnimmt, nach einem Gesetz, welches sich darstellen läfst durch

$$K_t = K - at - bt^2,$$

wenn R_t den Brechungsindex bei $t°$, K denselben bei 0° und a und b Constante bedeuten.

Hieran schliefst sich der Zeit nach eine Arbeit von van der Willigen [1]), der eine Reihe von Brechungscoëfficienten des destillirten Wassers bei verschiedenen Temperaturen mit Hülfe eines Meyerstein'schen Spectrometers gemessen hat: dieselben sind jedoch so gering an Zahl und bewegen sich innerhalb so geringer Temperaturgränzen, dafs man sich mit blofser Anführung derselben begnügen kann.

Angeregt durch die Erfahrung Baden-Powell's, der der die Wichtigkeit der Kenntnifs der Aenderungen des Brechungsindexes mit der Temperatur sehr wohl erkannt hat, unternahmen Gladstone und Dale eine ziemlich umfassende Untersuchung über diesen Gegenstand und legten die Resultate ihrer Messungen in einer Abhandlung: » On the influence of temperature on the refraction of light« in den Philosophical Transactions [2]) nieder. Dieselben benutzten zu ihren Arbeiten den Apparat Baden-Powells [3]) und bestimmten zwischen Temperaturintervallen: bei Wasser von 0° bis 80° 6, bei Schwefelkohlenstoff von 0° bis 42°, 5 und bei verschiedenen Alkoholen und Aetherarten zwischen 0° und 70° die Aenderung des Brechungsindexes für die Fraunhofer'schen Linien A, D, H. Dieselben ziehen am Schlusse ihrer Versuche die Resultate in folgende Sätze zusammen:

1) Bei allen Substanzen vermindert sich der Brechungsindex mit steigender Temperatur. Die Gröfse der Aenderung ist bei verschiedenen Substanzen verschieden, am kleinsten beim Wasser, am gröfsten beim Schwefelkohlenstoff.

) Pogg. Ann. CXXII, 190 bis 192.
2) Phil. Transact. f. 1858, p. 887 bis 894.
3) Beschrieben und abgebildet in: Report of the British Association, 1839.

2) Die Länge des Spectrums nimmt bei stark zerstreuénden Substanzen, wie Schwefelkohlenstoff, Phosphor usw. stark, bei Wasser kaum noch bemerkbar mit der Temperatur ab.

3) In der Nähe der Punkte des Wechsels des Aggregatzustandes zeigt sich keine vorbereitende Verschiedenheit in dem Charakter der Aenderung des Index.

Die übrigen Schlüsse beziehen sich auf die Relation zwischen Dichte und Brechungsindex, auf die wir am Schlusse der Arbeit noch einmal zurückkommen. Die Ausdehnung der Versuche dieser beiden Physiker ist allerdings eine sehr grofse und hiermit bereits ein überaus reichhaltiges Material geschaffen worden. — Die Zuverlässigkeit ihrer Resultate giebt aber zu Zweifeln Anlafs, da eine Genauigkeit der Messung bis auf einige Einheiten der vierten Decimale entschieden verlangt werden mufs und dieser Forderung nicht genügt ist. Beim Wasser werden zwei Bestimmungen für die D linie und 0° gegeben:

0". 1,3330 und 1,33374 (Rühlmann 1,33374).

Während die erste Angabe den Anfang einer stetigen Bestimmungsreihe von 0" bis 70" C. fortschreitend um je 5" C. bildet, wurde die zweite Zahl erhalten bei einer kleinen Anzahl von Beobachtungen (die sie selbst »most carefull« nennen), angestellt, um das Resultat Jamin's zu verificiren, dafs der Brechungsindex keine dem Dichtigkeitsmaximum ähnliche Singularität bei 4° zeige. Meine eignen Beobachtungen, nach Elimination der zufälligen Beobachtungsfehler, gaben bei 0" ein mit der genaueren Gladstone'schen Angabe vollkommen übereinstimmendes Resultat: hieraus folgt, dafs die erste Angabe um 7 Einheiten der vierten-Decimale zu klein ist. — Für 70° und die D linie geben diese beiden Physiker

70" C. 1,3237 (Gl. und D.), 1,32505 (R.)

wiederum, im Vergleich mit meinen Versuchen einen zu kleinen Werth. Die Resultate weichen auch sehr weit von denen Baden-Powell's und Fraunhofer's ab, vielmehr als die meinigen; dieser Umstand und zumal die grofse Differenz zwischen zwei verschiedenen Beobachtungen derselben Verhältnisse werfen ein ungünstiges Licht auf die Zuverlässigkeit. Ich konnte damit unmöglich die Aufgabe als gelöst ansehen, um so weniger, da sich Gladstone und Dale nicht einmal die Mühe genommen haben, aus ihren Versuchen ein Gesetz in Gestalt einer Interpolationsformel abzuleiten. Was die Ursache der obigen Ungenauigkeit seyn möge, läfst sich nicht bestimmen, da nirgends die den Resultaten zu Grunde liegenden Zahlen mitgetheilt sind, so dafs man aus diesen auf einen gröberen Versehens- oder Rechenfehler schliefsen könnte.

Die nächste Arbeit, die wenigstens der Vollständigkeit wegen mit erwähnt werden mufs, sind gelegentliche Bestimmungen von Schmidt[1]), die für die Linie D an Wasser und einigen Salzlösungen gemacht sind. Einestheils ist der Kreis, mit welchem bei diesen Versuchen die Winkelmessungen gemacht sind, zu ungenügend getheilt und anderntheils wurde das Hohlprisma, welches die Flüssigkeiten enthielt, zeitweise auseinander genommen, der Winkel desselben aber blofs zu Anfang bestimmt, ohne dafs man eine sichere Garantie seiner Constanz während der Beobachtungen hatte. Die auf diese Weise erhaltenen Zahlen weichen allerdings enorm von allen anderen ab, z. B. für D bei:

$$0^\circ,9 \text{ C. } 1,3355 \text{ statt } 1,3337 \text{ (R.)}$$

Obgleich Dr. Schmidt die Unzuverlässigkeit seiner Bestimmungen selbst erkennen mufste, fühlt er sich dennoch veranlafst, die Abweichungen durch die Annahme zu erklären, dafs die Natriumlinie, die er für D benutzte, nicht mit D coïncidiren, sondern so zwischen D und E liege, dafs der Abstand derselben von D zu dem von E sich verhalte wie 135:92. Wenn man nun überlegt, wie streng die Coïncidenz der Natriumlinien mit der charakteristischen Doppellinie D nicht nur schon von Fraunhofer, sondern zumal von Kirchhoff nachgewiesen worden ist, so kann

1) Pogg. Ann. Bd. 107, S. 204 etc. Auszug aus dem Programm des Gymnasiums und der damit verbundenen Realschule zu Plauen für das Jahr 1859.

man umgekehrt hieraus einen Schlufs auf das Gewicht machen, welches man diesen Bestimmungen der Brechungsindices beizulegen hat.

Eine weit gröfsere Berücksichtigung verdienen die Beobachtungen über die Aenderung des Brechungsvermögens mit der Temperatur von La n d o l t, die enthalten sind in seiner verdienstlichen Experimentaluntersuchung: *Ueber den Einflufs der Zusammensetzung Kohlenstoff-, Wasserstoff- und Sauerstoff-haltiger flüssiger Verbindungen auf die Fortpflanzungsgeschwindigkeit des Lichtes* [1]). Seine Beobachtungen beziehen sich meist auf drei verschiedene Temperaturen und die 3 hellsten Linien (nach Plücker: α, β, γ) des Spectrums des glühenden Wasserstoffgases. Dieselben bestätigen im Wesentlichen die Resultate Gladstone's und Dale's, können aber, da die Versuche nicht über hinreichend viele Temperaturen ausgedehnt wurden, noch nicht befriedigen.

Von höchster Bedeutung und entschieden mustergültig in Bezug auf Durchführung sind die Versuche von Fizeau [2]), der, unter Anwendung der Methode der Interferenzen, die Aenderung der Fortpflanzungsverhältnisse im Glase, Flufsspath, Kalkspath und später auch im Bergkrystall mafs. — Allerdings beschränkt er sich bei seiner Methode auf Beobachtungen für das homogene Licht der Natriumflamme, so dafs man auf eine Aenderung der Dispersion aus denselben nicht schliefsen kann. Da diese Versuche grofse Bedeutung haben und für die Aenderung der Fortpflanzungsgeschwindigkeit in festen Körpern bis jetzt die einzigen Zahlendaten sind, so möge es erlaubt seyn, dieselben in Kürze hier zusammenzustellen. Bezeichnet n den Brechungsindex bei gewöhnlicher Temperatur, n' den bei höherer Temperatur, v die Fortpflanzungsgeschwindigkeit des Lichtes in Luft, v' die im kalten, v'' die im erwärmten Körper und setzt man:

1) Pogg. Ann. Bd. 123, S. 595.
2) *Recherches sur la modification que subit la vitesse de la lumière dans le verre et plusiers autre corps sous l'influence de la chaleur. Compt. Rend. T. LV, 1237 bis 1239.*

$$v'' = v' \,(1 + \beta t)$$

so ergiebt sich: $\beta = \left(\dfrac{n - n'}{n}\right).$

Die Resultate sind folgende:

Substanz	Dichte	n_D	$(n' - n)_{100}$	100β
Glas von St. Gobains	2,438	1,5033	0,000163	− 0,000108
zweite Sorte	2,514	1,528	0,0000997	− 0,000065
Krownglas	2.626	1,5204	variirt unsicher	
Flufsspath	3,2	1,435	− 0,00136	+ 0,00049
Flintglas gem. . . .	3,584	1,6112	0,00026	− 0,00163
Flintglas schweres .	4,14	1,682	0,000687	− 0,000408
Kalkspath parallel der Axe zerschnitten .	2,723	o 1,65850 + 0,0000565 e 1,46835 + 0,00108		− 0,0000341 − 0,000727

Die Fizeau'schen Versuche ergeben also aufser für
Flufsspath für die übrigen Substanzen das Resultat, dafs
trotz der Abnahme der Dichte *die Fortpflanzungsgeschwindigkeit des Lichtes mit steigender Temperatur ab, also die
lichtbrechende Kraft zunimmt.*

Nur bei dem Flufsspath nimmt mit steigender Temperatur der Brechungsindex ab, ähnlich wie bei den Flüssigkeiten
und Gasen.

Eine Erklärung und Auflösung dieses eigenthümlichen
Widerspruches wird weiterhin versucht werden.

Die Methode, nach welcher Fizeau seine Zahlen gefunden hat, ist die folgende:

Man schneidet die Substanz in planparallele Platten,
deren Flächen um ungefähr 1ᵐᵐ bis 10ᵐᵐ abstehen. Ein
lothrecht auf die Platte fallendes Bündel homogenen Lichtes
giebt Anlaſs zu 2 reflectirten Strahlen (mehrfache Reflexionen vernachlässigt), die Interferenzerscheinungen hervorbringen. Da die meisten Oberflächen, die der Mechaniker eben
zu schleifen sucht, fast immer mehr oder weniger convex
sind, so erhalten die Interferenzfransen meist eine kreisförmige
Gestalt. Der Gangunterschied der beiden Lichtstrahlen rührt
davon her, dafs der eine direct an der ersten Vorderfläche
des Glases reflectirt ist, während der andere in das Glas
eintretend an der Hinterfläche der Platte reflectirt worden

und nun, die Dicke des Glases noch einmal rückwärts durchlaufend, wieder in die Luft austritt. Es kommt hier demnach der im Glase mit anderer Geschwindigkeit als in Luft durchlaufene Weg und die erlittene Phasendifferenz bei der Reflexion in Frage. Bei einer Erwärmung der Platte verschieben sich natürlich die Fransen und diese Verschiebung mißt man. Dieselbe hat zwei Ursachen: 1) Eine Ausdehnung der Platte senkrecht zu den Flächen, woraus eine Aenderung der Dicke, somit des Weges, folgt. 2) Eine Aenderung des Brechungsindex selbst, wodurch die Geschwindigkeit geändert wird, mit welcher der Strahl den geänderten Weg durchläuft. Kennt man die Dicke der Platte bei einer gewissen Temperatur, so kann man aus der Anzahl der verschobenen Fransen die Aenderung des Index ableiten. —

In der Unmöglichkeit, den Ausdehnungscoëfficient ganz zuverlässig zu bestimmen, liegt die Hauptschwierigkeit dieses sonst so vorzüglichen Verfahrens. Bezüglich der speciellen Anstellung der Versuche und der Formeln, mit deren Hülfe man die Ableitung der Resultate aus den Beobachtungen ausführt, müssen wir auf die interessanten Originalabhandlungen verweisen.

Eine weitere Arbeit auf diesem Gebiete ist eine neue Untersuchung [1]) der beiden englischen Physiker Gladstone und Dale, die zum Theil abermals Bestimmungen der Brechungsindices bei verschiedenen Temperaturen enthält, im Wesentlichen sich aber auf den Zusammenhang zwischen Brechungsindex und Dichte und die Aenderung des Brechungsvermögens in Flüssigkeiten, in homologen Reihen und den Einfluß der Substitution neuer Radicale erstreckt. Diese Arbeit liefert eine erstaunliche Menge neuen Beobachtungsmateriales, nämlich die Brechungsindices von 76 Substanzen für die Fraunhofer'schen Linien A, D, H, meist für 3 Temperaturen, zwischen 5° und 36° C., und außerdem noch die Indices von 68 Flüssigkeiten für mittlere Tempe-

1) *Researches on the refraction, dispersion and sensitiveness of liquids.* Philos. Transact. 1863. *Vol.* 158, p. 318 bis 343.

raturen und alle Hauptlinien des Spectrums. Dieselbe hat ferner auch noch deshalb einen höheren Werth als die frühere Abhandlung, weil sie gleichzeitig einige Anhalte zur Beurtheilung der Genauigkeit der Versuche an die Hand giebt. — Die Bestimmungen erfolgten in einem Glashohlprisma und es wurde der brechende Winkel von ungefähr 61" als constant für die verschiedenen Temperaturen vorausgesetzt. Während nun die früheren Beobachtungen dieser Physiker [1]) so angestellt waren, dafs sie zu vorher bestimmten Temperaturen, also z. B. bei 0", 5", 10', 20" usw. die Bestimmung des Winkels der kleinsten Ablenkung zu erhalten suchten, so machten sie bei ihren neuen Versuchen diese Messungen bei Temperaturen, wie ihnen dieselben gerade durch den Verlauf der Abkühlung oder Erwärmung gegeben waren, ein Verfahren, welches jedenfalls zu weit genaueren Resultaten führen mufste. Sie schätzen den Fehler in ihren Wärmeangaben auf 1" bis 2", was bei Wasser in den höheren Temperaturen allerdings eine Abweichung bis zu ± 8 Einheiten der 4. Decimale mit sich bringt. Die Genauigkeit ihrer Winkelmessung geben sie auf ± 1' an, was einem Fehler von ± 2 Einheiten der 4. Decimale entspricht; also sieht man, dafs eine Abweichung um ± 8 Einheiten der 4. Decimale recht gut zu erklären ist. Sie geben der Aenderung des Brechungsindex n mit der Temperatur, innerhalb 10°, den Namen »sensitiveness«, $n-1$ nennen sie brechende Kraft »refractive energy«. — Die abweichenden Angaben über den Brechungsindexes des Wassers für die D linie bei 0" findet aber auch in dieser Untersuchung keine Aufklärung. — Um die Uebereinstimmung oder respective Abweichung der Beobachtungen Gladstone's und Dale's für das Wasser mit den meinigen zu zeigen, findet man in der Tafel, in welcher der Verlauf des Index mit der Temperatur graphisch dargestellt ist, mit Sternchen die Angaben derselben für die D linie neben den meinigen eingetragen. Auf die Ansicht derselben über die Beziehung der Brechungsindices zur Dichte komme ich im Folgenden noch zurück.

1) Siehe Seite 8.

Zum Schlusse bleibt mir noch übrig einer Reihe von
Beobachtungen zu gedenken, die von Müttrich [1]) über die
Aenderungen der Brechungsexponenten des Rüböls und des
Wassers durch Wärme angestellt worden ist. Derselbe
bedient sich zur Bestimmung dieser Gröfsen der Winkel-
änderung der optischen Axen des Arragonites, nachdem diese
Axenänderung in freier Luft sehr genau gemessen worden
war. Die Bestimmungen ergeben viel zu hohe Resultate,
obgleich sich die Beobachtungen für die Natriumlinie recht
gut an die Formel

$$n = 1{,}33696 - 0{,}00006909\, t - 0{,}0000008513\, t^3$$

anschliefsen. Da dieses Verfahren die genaue Bestimmung
des Aenderungsgesetzes des Axenwinkels in der Krystall-
platte voraussetzt, also ziemlich complicirt ist und jeder
Fehler in der Ermittelung dieses Gesetzes in die Bestimmung
des Indexes miteingeht, so. glaube ich nicht, dafs es eine
grofse Verbreitung und Anwendung zur Bestimmung der Abhängigkeit der Brechungsverhältnisse flüssiger Körper von
der Temperatur finden wird. Diese Beobachtungen sind
mit gekreuzten Kreischen (bezogen auf die Fraunhofer'sche
Linie D und Wasser) in die Tafel mit eingetragen.

Blickt man zurück auf diese bisher veröffentlichten Expe-
rimentaluntersuchungen, so mufs man jedenfalls zugestehen,
dafs durch die Arbeit Fizeau's für feste Körper und durch
die Untersuchungen Gladstone's und Dale's für flüssige
Körper, die Hauptgrundzüge dieser Erscheinungen fest gelegt sind, dafs aber die Präcision der Resultate noch sehr
viel zu wünschen übrig läfst. Man kann zumal die Aufgabe
nicht eher als gelöst ansehen, als bis aufser dem Brechungsindex (genau innerhalb bestimmter Gränzen) auch das Aen-
derungsgesetz in Form einer Interpolationsformel gegeben

1) Bestimmung des Krystallsystemes und der optischen Constanten des
weinsauren Kalinatrons, Einflufs der Temperatur auf die optischen Constanten desselben und Bestimmung des Brechungsquotienten des Rüböles
und des destillirten Wassers bei verschiedenen Temperaturen von A.
Müttrich. Pogg. Ann. Bd. 121, S. 193 bis 238 und S. 298 bis 430.

ist. Man giebt diese Interpolationsformel am besten in der Gestalt:

$$\mu_i = a + bt + ct^2 + dt^3 + et^4 + \ldots$$

wo die Constanten a, b, c, d usw. mit thunlichster Genauigkeit bestimmt, und die Uebereinstimmung dieser Formel mit den Beobachtungen nachgewiesen seyn muß. Für feste Körper hat Fizeau diese Daten geliefert, während bis jetzt für Flüssigkeiten Aehnliches nur für 0' bis 65° durch Müttrich gegeben ist. Die Zahlen des letzteren Beobachters sind von denjenigen anderer Physiker so abweichend, daß man dieselben, trotz ihrer weiten Ausdehnung, höchstens als relativ gültig ansehen kann, insofern sie mit einem gemeinsamen Fehler behaftet seyn müssen, von dem man nicht einmal weiß, ob derselbe nicht eine Function der Temperatur ist.

Die Aufgabe, die hier zuerst zu lösen ist, besteht also darin, eine Formel entweder für die Aenderung der Brechungsindices verschiedener Lichtstrahlen, oder noch besser, für diejenigen der Constanten einer Dispersionsformel bei möglichst vielen Flüssigkeiten anzugeben.

Für Wasser habe ich versucht, diese Daten zu liefern und werde bemüht seyn, nachdem ich durch diese Untersuchung meine Beobachtungsverfahren erprobt habe, auch für andere Substanzen noch diese wichtigen physikalischen Constanten zu bestimmen.

Aus dem bisher Gesagten ergiebt sich, daß die Angabe der Brechungsindices von Substanzen, ohne Angabe der Aenderungsformeln, ebensowenig Werth hat, wie die Angabe der specifischen Gewichte ohne Hinzufügung der Ausdehnungscoëfficienten.

II.

Die Beobachtungsverfahren.

Man kann zur Bestimmung des ·Brechungsindices sehr verschiedene Wege einschlagen, da fast jede optische Relation, in welche die Fortpflanzungsgeschwindigkeit des Lichtes eingeht, als Grundlage einer solchen Methode anwendbar ist. Die meist verbreitetste derselben ist diejenige,

welche auf der Bestimmung der Ablenkung eines Lichtstrahles
beruht, die derselbe erfährt, wenn er durch ein Prisma der
zu untersuchenden Substanz geht. Dieses Verfahren wurde
auch bei meinen Versuchen angewendet und soll später dis-
cutirt werden.

Die zweite, nur von Arago [1]), Jamin und neuerdings
von Fizeau angewendete *Methode* ist die der *Interferenzen.*
Läfst man zwei Lichtstrahlen gemeinen oder homogenen
Lichtes unter günstigen Umständen parallel oder unter sehr
kleinem Winkel zusammentreffen, so treten bekanntermaafsen
Interferenzerscheinungen auf, die, wenn die gemeinschaftliche
Quelle beider Strahlen linear, im Allgemeinen parallele Streifen seyn werden. Betrachtet man nun zwei Lichtstrahlen,
welche zu solchen Phänomenen Anlafs geben, so entsteht
bekanntlich ein mittelster oder hellster Streifen an der Stelle,
wo beide Wellenzüge genau gleiche Wege seit ihrem Aus-
gange aus einer gemeinschaftlichen Lichtquelle durchlaufen
haben. Wird nun einer der Strahlen verzögert, so kommt
dieser später nach dem Punkte, wo sich früher der centrale
Streifen bildete; dieser kann jetzt nicht mehr in der Mitte
entstehen, sondern wird nach der Seite des verzögerten
Strahles um ein Stück verschoben seyn. — Diese Thatsache
setzt uns in den Stand, die Fortpflanzungsgeschwindigkeit
des Lichtes in einem Medium zu bestimmen, wenn man die
Dicke der verzögernden Schicht genau kennt und die Gröfse
der Verschiebung des centralen Streifens genau mittelst einer
Mikrometervorrichtung oder durch Winkelmessung mit dem
Fernrohr bestimmte.

Man kann auf diese Weise noch sehr geringe Unterschiede in dem Brechungsvermögen nachweisen und ist diese
Methode zumal zu Differenzialbeobachtungen sehr brauchbar.
Für gröfsere Differenzen würde aber der Apparat nicht mehr
angewendet werden können, wenn man nicht auch dem
zweiten Strahle eine mefsbare Verzögerung zu ertheilen im
Stande wäre. Arago benutzte bei seinem Apparate zu diesem Zwecke eine Compensatoreinrichtung, welche darauf

1) Arago's sämmtliche Werke, deutsch von Hankel, Bd. 10, S. 257 ff.

2

beruhte, dafs der zweite Lichtstrahl genöthigt wurde, unter
einem mefsbaren Winkel durch eine planparallele Glasplatte
zu gehen, deren Dicke bekannt war, wodurch er eine genau
bestimmte Verzögerung erhielt. — Wir gehen auf den
Arago'schen Apparat nicht näher ein, weil er zu messenden
Versuchen eigentlich nicht in Anwendung gekommen ist,
und deuten nur das Princip des von Jamin zu seinen Beobachtungen benutzten abgeänderten Interferenzialrcfractors [1])
an. — Dieses Intrument beruht auf der Anwendung des
Interferenzphänomens dicker Platten. Man schneidet eine
planparallele Platte in 2 Theile, befestigt die eine Hälfte
auf einem Gestelle und fängt damit ein Bündel paralleler
Strahlen auf. Ein von A aus einfallender Lichtstrahl (siehe
Figur 1 wird einestheils an der Vorderfläche und anderntheils an der Hinterfläche der Platte P_1 reflectirt und somit in 2 Bündel zerlegt, die um den Weg in der Glasplatte und den Phasenverlust bei der Reflexion an der Hinter-
wand gegen einander verzögert sind. In einiger Entfernung
stellt man in den Weg der beiden parallelen Strahlen die
andere Hälfte der Glasplatte P_2 und richtet sie parallel der
ersten Hälfte. Dann wird der ursprüngliche Strahl (überall
von mehrfachen inneren Reflexionen abgesehen) in 4 zerlegt,
von denen 2 als in Phase und Richtung vollkommen zusam-
menfallend erscheinen. Der eine dieser beiden ist der, welcher
an der Vorderfläche des ersten Glases reflectirt und im
zweiten Glase an der Hinterfläche reflectirt austritt, der andere Strahl wurde im ersten Glase an der Hinterfläche und
im zweiten an der Vorderfläche reflectirt (siehe Figur 1)
In dem Zwischenraume sind die beiden Strahlen von einander um eine Strecke entfernt, die von der Dicke und
Neigung der Platten gegen den einfallenden Strahl abhängt
und beliebig vergröfsert werden kann. Sind also P_1 und
P_2 die beiden parallelen Platten, so kann man sich unter T
und T_1 eingeschaltete Medien vorstellen und von B aus die
Verschiebung der Streifen messen. Schaltet man z. B., wie

1) Jamin, Interferenzialrefractor. Cosmos 1856. No. 10, S. 227. Hieraus: Pogg. Ann. Bd 98, S. 445 bis 349.

es Arago vorschlug und Jamin ausführte, gleich lange
Röhren mit Flüssigkeiten verschiedener Temperatur ein, so
kann man die Aenderungen der Brechungsindices recht gut
damit verfolgen. Bei diesem Verfahren ist noch auf einige
Schwierigkeiten aufmerksam zu machen, dieselben bestehen
darin: erstens, dafs die Röhren mit verschiedenen Temperaturen dicht neben einander liegen müssen und zweitens,
dafs diese Röhren gleiche Länge behalten oder die Längen-
änderungen berücksichtigt werden müssen. Während das
letztere sehr unbequem, ist der gestellten Anforderung
kaum durch mechanische Hülfsmittel zu genügen. Wen-
det man nicht homogenes, sondern wie Jamin, weifses
Licht an, so hat schon Stokes[1] bemerkt, dafs man aus
der Verschiebung der Interferenzfransen etwas zu grofse
Resultate erhält, weil durch die gröfsere Breite der Streifen
für die Strahlen geringerer Brechbarkeit die Mitte etwas
stärker verschoben scheint, als sie es in der That ist.

Jamin hat nach dieser Methode sowohl seine obener-
wähnten Bestimmungen der Aenderung des Brechungsexponenten des Wassers mit der Temperatur erhalten, als auch
den Nachweis geliefert, dafs sich der Brechungsexponent
des Wassers proportional mit einem äufseren Drucke ändert[2].

Mehrmals ist eine Bestimmungsmethode des Index für
Flüssigkeiten aufgetaucht, die auf der Messung der Gröfse
der parallelen Verschiebung beruht, die ein Lichtstrahl beim
Durchgange durch eine gewisse Dicke einer horizontalen
Flüssigkeitsschicht verfährt. Die Ausführung des Versuches
geschieht so, dafs man vor und nach dem Einfüllen einer
Flüssigkeit in ein Gefäfs nach einer am Boden befindlichen
Marke visirt.

Obgleich man diese Bestimmungsmethode wiederholt zurückgewiesen und gezeigt hat, dafs hier ein kleiner Fehler
in Beobachtung der Verschiebung zu sehr grofsen Differenzen Anlafs giebt, weil man von kleinen Gröfsen auf gröfsere

1) Stokes, *Mém. d. l'Institut* 1856, p. 453.
2) Jamin, *Ann. de Chim. et Phys.* LII, p 163.

2*

schließt, ist dieselbe doch noch in neuerer Zeit mehrmals unter verschiedener Gestalt wiedergekehrt[1]). Ihren Werth suchte man besonders darin, daß der Lichtstrahl aus Luft in die freie Flüssigkeitsoberfläche eintreten kann, während bei der Untersuchung in Prismen Dichtigkeitsänderungen an der gerade wesentlichen Endfläche eintreten können. Nach der Poisson'schen Ansicht von der Capillarität muß eine solche Verdichtung an der Contaktfläche zwischen Flüssigkeit und Glas allerdings stattfinden, dieselbe wird aber jedenfalls in Schichten parallel der abschließenden Glasschicht bald in die normale Dichte der Flüssigkeit übergehen, und folglich kann dadurch der Ablenkungswinkel nicht geändert werden. Fände eine solche verdichtende Wirkung aber noch innerhalb der Beobachtungsgränzen statt, so müßte das durch ein enges Hohlprisma gebrochene Bild einer ausgedehnten, homogenen, geraden Lichtlinie convex erscheinen, da dann auch nach den Röhrenwandungen zu eine Verdichtung der Flüssigkeit stattfinden würde; etwas Derartiges habe ich bis jetzt nirgends, nicht einmal beim Durchgang durch enge Metallröhren beobachten können.

Auch die Methode der Ablenkung, welche zu wirklich ausgeführten Bestimmungen des Indexes hauptsächlich gedient hat, und nach welcher auch die vorzüglichen Messungen sowohl Fraunhofer's[2]) und Baden-Powell's[3]), als auch die Bestimmungen von Becquerel und Cahours[4]), Deville[5]), Delffs[6]), Dutirou[7]), Beer und Kremers[8]),

1) *Mémoire sur la détermination des indices de réfraction. Compt. rend.* XXXIX, *p.* 27 bis 29 und Neue Methode den Brechungsindex von Flüssigkeiten zu messen von Ch. Montigny, Pogg. Annalen Bd. 123.

2) Fraunhofer, Denkschriften der Münchener Akademie, Bd. V, 1812 bis 1815.

3) *Ann. de chim. et de phys. sér. III, vol. V, p.* 129. Pogg. Ann. Bd. LXIX.

4) *Compt. rend. VI,* 867; daraus Pogg. Ann. LI, S. 267.

5) *Ann. de chim et de phys. sér. III, vol. V, p.* 129.

6) Pogg. Ann. LXXXI, S 470.

7) *Ann. de chim et de phys. sér. III, T. XXVIII, p.* 176.

8) Pogg. Ann. Bd. Cl.

Hoek[1]), Landolt[2]), Handel, Ad. Weifs und E.
Weifs[3]), Gladstone und Dale[4]), Forthomme[5])
und schliefslich auch die meinigen gemacht sind, schliefst
eine ziemliche Anzahl von Varianten mit verschiedenen Vor-
zügen und Nachtheilen in sich.

Das gewöhnlichste Verfahren ist, das Minimum einzu-
stellen und dann hieraus den Brechungsindex nach der
Formel:

$$n = \frac{\sin \frac{\alpha + \delta}{2}}{\sin \frac{\alpha}{2}}$$

abzuleiten (wenn α der Winkel des Prisma und δ die
kleinste Ablenkung ist). Ein anderes, vielleicht ein wenig
genaueres Verfahren ist, soviel mir bekannt, zu zuverlässigen
Messungen zuerst von Seebeck angewendet worden und
besteht darin, sowohl den Winkel des austretenden, als den
des eintretenden Strahles zu bestimmen. Einestheils fordert
diese Methode, wenn sie sich nicht in's Unendliche compli-
ciren soll, eine Aufstellung des Prisma's über dem Centrum
des Kreises des Winkelmefsinstrumentes und aufserdem die
Bestimmung sehr vieler Winkel, wodurch die Genauigkeit
zum Theil wieder aufgehoben wird. — Aus diesem Apparat
den Seebeck[6]) schon 1830 angegeben hat, haben sich
nach und nach für ähnliche Zwecke, das Meyerstein'sche
Spectrometer und die vollkommenere Form des Babinet'-
schen Goniometers entwickelt. Der erste Apparat diente
van der Willigen bei seinen oben erwähnten Beobachtungen, während mit dem Babinet'schen Goniometer, sowohl Dutirou, als zumal die Wiener Physiker: Handel

1) Pogg. Ann. CXII, 347.
2) Pogg. Ann. Bd. CXXIII.
3) Wiener Akademieberichte Bd. XXV, XXXIII.
4) Phil. Transact. 1858, p, 887 etc. Hieraus Pogg. Ann. Bd. CVIII,
   S. 632 etc. und Phil. Transact. 1863, p. 317.
5) Ann. de chim. et phys. LX, 307.
6) Seebeck, Observationes circa nexum intercedentem etc. Inaugural-
   Dissertation. Berlin 1830.

und Weifs unter Grailich's Leitung ihre schönen Versuche über die Brechungsexponenten der Flüssigkeitsgemische angestellt haben.

Hat man keine centrale Aufstellung der Prismen, die ja bei Anwendung der Theodolithen und meisten Winkelmefsinstrumente nicht möglich ist, so mufs man alsdann für die excentrische Aufstellung des Prisma corrigiren. — Da es bei meinen Versuchen darauf ankam, das Prisma beliebig erwärmen und mit den Messungen der Brechung fortlaufende Bestimmungen des brechenden Winkels verbinden zu können, so wählte ich folgende Anordnung und Aufstellung:

Auf einer grofsen Steinplatte im physikalischen Cabinet der Universität Leipzig stand zuerst auf einem soliden Steincylinder, von ungefähr 1 Met. Höhe, ein Theodolith von Pistor und Martin, dessen Fernrohr mit Verticalkreis abgenommen werden konnte. Man stellte auf den Theodolith einen Tisch mit Stellfüfsen, der auf 3 Spitzen ein, nach zwei senkrechten Richtungen mittelst Schlittenbewegung verschiebbares Hohlprisma trug, welches zur Aufnahme der zu untersuchenden Flüssigkeiten diente. In ungefähr 30$^{cm.}$ Abstand davon befand sich auf einem festem Holzbock ein Repsold'sches Universalinstrument, dessen gebrochenes Fernrohr sich in gleicher Höhe mit dem Hohlraum des Prisma's befand. In gleicher Höhe mit diesen beiden Fernröhren war in ungefähr 8$^{met.}$ Entfernung ein Schirm aufgestellt, der eine verschiebbare verticale Spalte trug, hinter welcher man späterhin die Flamme anbrachte. Ein wenig zur Seite des Prisma's befand sich auf einem zweiten Holzbock ein festes Fernrohr, welches so gerichtet war, dafs man damit eines Theils die brechende Kante des Prisma's vertical stellen und anderntheils durch Reflexionsbeobachtungen den Winkel des Prisma's bestimmen konnte.

Figur 2 erläutert die Aufstellung. T ist der Theodolith, U das Universalinstrument, P das Prisma, F das Hülfsfernrohr, S deutet die Richtung nach dem Spalt und O die Richtung nach der Auffangslange eines fernen Blitzableiters an. Die quadratische Umgränzung soll andeuten, dafs sich die sämmtlichen Apparate auf einer und derselben Steinplatte befinden. Die Orientirung der Instrumente machte folgende Operationen nöthig:

1) Vertikalstellung der Drehungsaxe des Theodolithen mit Hülfe der Libelle,

2) Centriren und Einstellen des Hohlprisma's, so dafs die Durchschnittslinie der abschliefsenden Glasplatten parallel der Drehungsaxe wurde und die Drehungsaxe selbst durch die Halbirungsebene des Prismenwinkels geht. Der ersten dieser beiden Forderungen läfst sich streng dadurch genü-gen, dafs man das Prisma so lange mit Hülfe der Stell-schrauben des Trägertisches verstellt, bis ein mit dem Prisma und der Axe des Hülfsfernrohrs in einer Horizontalebene liegendes, fernes Object *O*, sich auf beiden Seiten des Prisma so spiegelt, dafs es bei beiden Reflexionen an dem horizon-talen Faden des Hülfsfernrohrs erscheint. Die zweite For-derung wird nur angenähert erfüllt.

3) Einstellung des Spaltes in gleiche Höhe mit dem Prisma und Vertikalstellen desselben durch Vergleich mit einem Lothfaden.

4) Aufstellung des Universalinstrumentes. Man erhellt erst die Spalte durch eine möglichst inten-sive Lichtquelle und sucht die Gegend, wohin das Minimum der Ablenkung fällt; in diese Richtung bringt man das Uni-versalinstrument und verändert seine Lage, bis man das ge-brochene Spectralbild der Spalte im Fernrohr erhält. Das erste Suchen dieses Bildes ist allerdings etwas mühsam, ist es aber einmal gefunden, so kann man den Apparat leicht in gleiche Höhe mit der Spalte und die Drehungsaxe des-selben vertical stellen, ohne das Bild wieder aus dem Ge-sichtsfeld zu verlieren. Im Anfange habe ich mir auch oft dadurch geholfen, dafs ich das Fernrohr des Universalinstru-mentes auf das Prisma richtete, hinter das Ocular eine Licht-quelle brachte, und nun in ungefähr 8$^{met.}$ Entfernung die Spalte da aufstellte, wo ich das gebrochene Bild des Lich-

tes fand, und dann erst Spalt und Universal genauer corrigirte.

Hatte man durch Nivelliren die Axe des Universalinstrumentes vertikal gestellt und genau das Minimum der Ablenkung gesucht, so wurde das gebrochene Bild des mit der
Natriumflamme beleuchteten Spaltes mit dem Verticalfaden
des Fernrohrs zur Deckung gebracht. Bekanntlich divergiren
im Minimum der Ablenkung die Strahlen nach dem Austritt
derart, als ob sie den Weg direct von der Spalte aus durchlaufen hätten, so dafs man dann, da der Unterschied in den
Wegen sehr gering ist, auch die Spalte direct ohne Weiteres scharf sehen wird. Soll die Aufstellung des Instrumentes
richtig seyn, so mufs das gebrochene und direct gesehene
Bild der Spalte in gleicher Höhe im Fernrohr erscheinen.
— Sollte die Differenz bedeutend seyn, so mufs man den
Höhenabstand mit Hülfe des Verticalkreises messen und die
Winkelablesungen mit dem Cosinus der Höhendifferenz di-
vidiren.

Der wesentlichste Unterschied der von mir gewählten
Methode von dem Verfahren, dessen sich Fraunhofer,
Baden-Powell und andere bedienten, besteht darin, dafs
ich mein Prisma, vollkommen getrennt vom Fernrohr, auf
einem Theilkreis mefsbar drehbar aufstelle. Ich wählte diese
Anordnung eines Theiles, weil ich bei derselben das Prisma
beliebig erwärmen und während der Versuche erwärmt erhalten konnte, ohne seine Stellung ändern zu müssen, und
andern Theils, weil ich auf diese Weise fortlaufend Bestimmungen des brechenden Winkels mittelst Reflexionsbeobachtungen mit einschalten konnte. Zumal für Messung
der Aenderungen des Brechungsindex mit der Temperatur
dürfte diese Methode wohl vor den übrigen den Vorzug
verdienen.

Bei einer Aenderung der brechenden Kraft des Mediums,
mit dem das Hohlprisma gefüllt ist, ändert sich der Winkel
der kleinsten Ablenkung. Da das Fernrohr die Strahlen
aber parallel aufnimmt und vereinigt, so lange als nur irgend
ein Theil des aus dem Prisma austretenden Lichtes noch

innerhalb des Kegels fällt, welche man vom Ocular zum
Objectiv hin ziehen kann, so sieht man, dafs selbst bei gröfseren Aenderungen des Winkels der kleinsten Ablenkung
das gebrochene Bild der Spalte noch eingestellt werden
kann.

Die Beobachtungen selbst zerfallen in zwei Haupttheile:
die Bestimmung des brechenden Winkels des Prisma's und
die Bestimmung des Winkels der kleinsten Deviation.

1) *Die Winkelmessung des Prisma.* Hat man auf einem
Theilkreise mefs- und drehbar (in vorher erwähnter Weise
justirt) ein Prisma aufgestellt und richtet das in gleicher
Höhe befindliche Hülfsfernrohr darauf, so kann man auf den
Flächen gespiegelte ferne Objecte wahrnehmen. Die Winkelbestimmung ergiebt sich einfach aus der Differenz der Ablesungen im Theilkreis, wenn ein und dasselbe ferne Object
auf der einen oder anderen Prismenfläche reflectirt erscheint.

2) *Die Bestimmung des Winkels der kleinsten Ablenkung.* Bei unserer Aufstellungsweise mifst man am Universalinstrument nicht direct den Winkel der kleinsten Ablenkung, sondern mufs zu der Ablesung noch eine Correction wegen der excentrischen Stellung des Prisma's hinzu-
fügen. Bezeichnet in Figur 3 S die Spalte, P das Prisma,
O das Centrum des Universales, δ den Winkel der Ablenkung, so ist:

$$\delta = \varphi + \psi \text{ und}$$

$$\tan \psi = \frac{OP \sin \varphi}{OS - OP \cos \varphi}.$$

Man mufs, um ψ zu bestimmen, aufser φ, welches man
direct am Universal abliest, noch den Abstand der Spalte
von dem Centrum des Universals und dessen Abstand vom
Prisma messen.

III.

Die zur Untersuchung dienenden Instrumente

1) Der Theodolith diente gleichzeitig als Prismenträger
und Reflexionsgoniometer: er ist in Sechstelgrade getheilt

und gestattet mit Hülfe der Nonien eine Ablesung bis auf
10". Da man zwei Nonien ablas, die um 180" abstanden,
so wurde ein etwaiger Excentricitätsfehler dadurch eliminirt.
Dafür, dafs keine grofsen Theilungsfehler stattfinden, bürgt
einestheils der Name des Verfertigers und andrerseits die
Prüfung und Benutzung des Apparates durch Herrn Prof.
Hankel.

2) Das Universalinstrument besitzt ein gebrochenes Fern-
rohr und eine sehr feine Libelle zur Verticalstellung der
Drehungsaxe. Die Theilung des Horizontalkreises ist von
Repsold. Die Ablesung der Grade und Sechstelgrade ge-
schieht mit einem Index und der Lupe, die Ablesung der
Minuten und Secunden an den Trommeln zweier Mikroskope.
Man liest direct 10 Secunden ab und schätzt bis auf 1 Se-
cunde.

3) Die Maafsstäbe, deren man sich zu den Längenmessungen bediente, waren zwei mit Messingenden versehene
Mahagonistäbe, die in Millimeter getheilt waren. Da es hier
blofs auf relative Längen ankommt, und man sich von der
Richtigkeit der Theilung überzeugt hatte, so konnte man
die Maafsstäbe ohne Correction gebrauchen.

Die Messung der Längen geschah in der Weise, dafs
man die Spalte und das Centrum des Universalinstruments
auf den Fufsboden herablothete, über die beiden Punkte
hin einen Faden spannte, um die geradlinige Verbindung
derselben herzustellen und an diesem hin die Maafsstäbe
auflegte. — Schwieriger war die Bestimmung der Entfernung
des Prisma von der Drehungsaxe des Universalinstrumentes.
Da mein Prisma eine ziemliche Ausdehnung besitzt, konnte
man im Zweifel seyn, von welcher Stelle an man die Längen zu messen habe. Man wählte in der Richtung der
Fernrohraxe den Punkt, der ungefähr den Durchschnitt dieser Richtung mit der Halbirungsebene des Prismenwinkels
darstellt. Da mein Prisma genau in der Mitte eine kleine
kreisförmige Oeffnung zur Einführung eines Thermometers
hatte, so las ich den Maafsstab gewöhnlich an den beiden
scharfen Rändern der Oeffnung ab und nahm daraus das

Mittel. (Siehe Figur 4.) Jedenfalls verfährt man auf die angegebene Weise richtiger als Schmidt, der die Entfernung der dem Fernrohr zugewendeten Prismenflächen von der Drehungsaxe für diese Länge einführte.

4) Das Hohlprisma. Es müssen an dasselbe zwei Forderungen gestellt werden, erstens: dafs dasselbe leicht und sicher erwärmbar sey, und zweitens: dafs man es während der Versuche auf möglichst constanter Temperatur halten konnte. Ich liefs demselben zuerst folgende Construction geben: Eine Glasröhre, von ungefähr zwei Centimeter innerer Weite und 2 bis 3 Millimeter Glasdicke, war an den Enden in der Weise eben abgeschliffen, dafs die Seiten unter ungefähr 60° gegen einander geneigt waren. Genau in der halben Länge der Röhre befand sich eine kreisförmige Oeffnung von ungefähr 1 Centimeter Radius, in welche eine andere Glasröhre wasserdicht eingekittet war, die zur Einführung eines Thermometers diente. Die abgeschliffene Röhre war nun eingesetzt in einen prismatischen Blechkasten, der oben offen und dessen Grundrifs ein gleichseitiges Dreieck war. Durch die Seitenwandungen ragte die Glasröhre um ungefähr 1ᵐᵐ hervor und war möglichst dicht in das Blech eingepafst und eingekittet. Auf die beiden ebenen Glasränder wurden nun zwei planparallele Glasplatten aufgelegt, die man aus einem alten Troughton'schen künstlichen Horizont erhalten und vorher durch Reflexionsbeobachtungen auf ihre Planheit und ihren Parallelismus geprüft hatte. Mittelst eines darüber gelegten Messingdiaphragma's, welches an 3 Stellen mittelst Schrauben an den Blechkasten befestigt war, drückte man, durch Anziehen dieser Schrauben, die Glasplatten an das Glasrohr an. Dieser ganze Kasten wurde in einen zweiten ähnlichen gesetzt, der nur um so viel gröfser war, dafs man den ersten hineinbringen konnte, ohne dafs irgend etwas anstiefs oder klemmte. Der Boden des zweiten Kastens war unten dreieckig ausgeschnitten, so dafs eine Lampe, die auf dem Theodolith stand, den Boden des kleineren Prisma's direct erwärmen konnte. Von oben wurde das Ganze mit einem Deckel verschlossen

der nur eine kleine dem Glasrohr entsprechende Oeffnung
hatte. An der Stelle, wo im ersten Kasten die eingefügte
Röhre mündet und mit den Glasplatten *A* abgeschlossen ist,
befinden sich Oeffnungen im äufseren Blechprisma P_2, die durch
Klappen *K* verschliefsbar sind (siehe Fig. 5.) In die Glasröhre *G* bringt man die zu untersuchende Flüssigkeit, füllt P_1
mit einer anderen beliebigen Flüssigkeit. Durch *R* wird ein
Thermometer eingeführt, welches mit seiner Kugel gerade
bis in die Mitte der Glasröhre *G* reicht und dicht unter der
Theilung eine Pappscheibe trägt, um den herausragenden
Theil der Scala vor Erwärmung durch Strahlung zu schützen.
Die zu untersuchende Flüssigkeit wurde äufserlich mit
einer anderen Flüssigkeit umgeben, um gröfsere Massen zu
erwärmen und somit raschen und plötzlichen Temperatur-
änderungen vorzubeugen. Der äufsere Blechkasten hatte
den Zweck, die Strahlung der Wärme nach aufsen zu verkleinern, indem man eine Luftschicht als schlechten Wärme-
leiter einschaltete. Um die leichte Beweglichkeit der Luft
zu schwächen und zumal um aufsteigende Strömungen zu
verhindern, stopfte man den Zwischenraum *r* mit ganz fei-
ner Baumwolle aus. Die Klappen *K* blieben jedesmal bis
vor Anfang des Versuchs geschlossen und hatten den Zweck,
eine Ausstrahlung der Wärme und die Abkühlung der Glasplatten möglichst zu verkleinern.

Als ich mit dem so construirten Apparate meine Messungen begann, zeigte sich vor allen der Uebelstand, dafs,
um den Verschlufs der Glasröhre durch die planparallelen
Platten dicht zu halten, die drei Schrauben, welche die
Glasplatte auf die Glasröhre prefsten, sehr fest angezogen
werden mufsten. In Folge des scharfen Drucks, dem die
Gläser ausgesetzt wurden, erschienen zumal bei höheren
Temperaturen die Bilder der Fraunhofer'schen Linien un-
deutlich und die Reflexionen gaben von entfernten Objecten
entweder gar keine oder nur höchst undeutliche, verschwom-
mene Bilder, so dafs man bei den Winkelbestimmungen
nicht die gewünschte Genauigkeit erhalten konnte. Als aber
trotzdem, unter den gröfsten Mühseligkeiten, endlich eine

Reihe von Messungen erhalten worden, zeigten dieselben
solche Unregelmäfsigkeiten, dafs hier unbedingt eine wesent-
liche Fehlerquelle wirken mufste. Als man deshalb die Aenderung des Winkels des Prisma's durch die Wärme, nach
der Methode mit Scala und Fernrohr untersuchte, fand sich
dieselbe nicht nur unerwartet beträchtlich, sondern sogar
als mit der Temperatur gesetzlos schwankend.

Der ganze Apparat wurde noch einmal auseinander genommen und es fand sich die Ursache dieser auffallenden
Winkeländerungen darin, dafs durch ein Versehen des Me-
chanikers die eine Glasplatte einseitig auf dem Messing des
Kastens P_1 aufsafs. — Die schlechte Reflexion erklärte sich
dadurch, dafs die Planplatten, die ein wenig über dem Glasrohr herausragten und in einer Weise angedrückt waren,
die Figur 6 deutlich macht, bei erhöhtem Drucke eine
convexe Gestalt annahmen. — Eine gründliche Abänderung
des Apparates wurde nothwendig und die bisherigen Beobachtungen, die Resultate mehrwöchentlicher Arbeiten, mufsten verworfen werden. — Es wurde nun an Stelle der
Glasröhre eine Messingröhre gesetzt und diese in P_1 fest
eingelöthet, nachdem zuvor noch an die Stelle der Kasten-
wand, wo die Durchdringung der Röhre stattfand, eine Mes-
singverstärkung angelöthet worden war. Dieses Messing
wurde nun ganz sorgfältig eben geschliffen, so dafs der Verschlufs nach dem Aufbringen der planparallelen Platten bei
ganz leisem Druck vollkommen wasserdicht war. Man legte
zunächst über die Glasplatten einen Kautschuckring und auf
diesen das Messingdiaphragma, welches mit Hülfe der Schrauben ganz schwach aufgedrückt wurde. (Siehe Figur 7.)
Auf diese Weise war nicht nur der Verschlufs dicht, sondern auch jeder Gestaltsänderung der Glasplatten vorge-
beugt. Um aber eine Oxydation des Messings durch die
eingebrachten Untersuchungsflüssigkeiten oder die Atmosphä-
rilien zu verhindern, wurde der ganze innere Raum der
Röhre stark vergoldet. Mit dem so eingerichteten Apparate
sind alle Versuche angestellt worden, und hat sich derselbe
recht gut bewährt.

Allerdings zeigten sich bei Temperaturerhöhung kleine Aenderungen im Winkel, ebenso wie jede Berührung der Glasplatten eine solche hervorbringen konnte, da dieselben fast ganz ohne Reibung aufsafsen; man mufste deshalb mit den Messungen der Winkel der kleinsten Ablenkung fortlaufende Bestimmungen des brechenden Winkels des Prisma verbinden. Aus diesem Grunde wählte man die S. 22 beschriebene Anordnung der Instrumente.

Das Hohlprisma zeigte selbst bei genauester Prüfung absolut keine Eigenablenkung, so dafs man hier keine Correction anzubringen nöthig hatte [1]).

5) Das Thermometer, welches zur Messung der Temperatur im Innern des Prisma's diente, war ein kleines Greiner'sches (nach Réaumur, mit Papierscala) getheilt von — 55" bis 80". Man schätzte bis auf $\frac{1}{10}$ Grad, ohne jedoch für die Sicherheit von $\frac{2}{10}$ Grad einstehen zu können, da das Thermometer immer sehr rasch abgelesen werden mufs und die Grade nicht ganz um einen Millimeter von einander abstanden. Das Thermometer tauchte nur mit dem untersten Theile in die Flüssigkeit, von — 55° ab befand es sich unterhalb der Pappplatte, mit welcher man es gegen Strahlung und Strömungen von dem Prisma oder der darunter stehenden Lampe her schützte. Man mufste also wegen des herausragenden Theiles der Scala corrigiren und bediente sich hierzu der von Kopp gegebenen Formel:

$$T = r + v \cdot \alpha (r - t),$$

wo r die abgelesene Temperatur, t die Temperatur der Scala, α der scheinbare Ausdehnungscoëfficient des Quecksilbers in Glas (0,000154) und v die herausragende Anzahl Grade [2]) ist.

---

1) Eine Correctionsformel hierfür findet sich in Biot, *Précis élémentaire de physique expérimentale*, 1842, *T.* 2, *pag.* 113.

2) Da ich nirgends eine Ableitung dieser Formel gefunden habe, sey es erlaubt dieselben in Kürze zu geben. Es sey t die Lufttemperatur, T Flüssigkeitstemperatur, r abgelesene Temperatur, v die Anzahl der nicht eingetauchten Grade. V bei 0° das Volumen des Quecksilbers im Thermometer, den Raum zwischen 2 Gradstrichen als Einheit genommen,

Man verglich ferner das Thermometer mit einem ausge-
zeichneten in halbe Grade getheilten Normalthermometer
von Greiner, welches Herrn Prof. Hankel gehörte, und
dessen nöthige Correctionen bestimmt waren. Die Verglei-
chung ergab:

I. Ablesung am Normalthermometer; II. gleichzeitige Ablesung
am Beobachtungsthermometer.

I	II	A	I	II	A	I	II	A	I	II	A
80,0	79,5	5	48,7	48,3	4	23,2	22,7	5	3,6	3,4	2
69,8	69,4	4	43,8	43,4	4	21,7	21,2	5	3,1	3,1	0
68,5	68,1	4	40,5	40,0	5	18.5	18,0	5	2,8	2,8	0
66,7	66,2	5	36,7	36,2	5	19,4	19,0	4	1,6	1,6	0
65,6	65,0	6	30,5	30,2	3	16,8	16,5	3	0	0	0
64,8	64,2	6	30,4	29,9	5	10,0	10,0	0			
60,1	59,4	7	27,2	26,4	8	8,7	8,5	2			
57,3	56,4	9	27,0	26,2	8	7,2	7,0	2			
54,8	54,2	6	26,8	26,0	8	5,9	5,8	1			
52,6	52,1	5	24,4	23,9	5	4,0	4,0	0			
50,5	50,0	5	23,7	23,1	6						

Man leitete hieraus folgende Correctionen ab:

80° 65° 60° 55° 50° 35° 30° 25° 20° 15° 10° 5° 0°
+0°,5 +0°,6 +0°,7 +0°,6 +0°,5 +0°,6 +0°,7 +0°,6 +0°,5 +0°,4 +0,2 0°

6) Die Spalte. Um eine lineare Lichtquelle zu erhalten, benutzte man einen gewöhnlichen verstellbaren Inter-

V das auf 0° reducirte eingetauchte Volumen, v das abgelesene nicht
eingetauchte Volumen in Anzahl Graden. Dann giebt:

$$1) \; \frac{v}{1+\beta t} + V = V \quad 2) \; (1 + \alpha . 100) - V = 100$$

$$3) \; V = \frac{1}{\alpha} - V(1 - \alpha t) \quad 4) \; V = \frac{1}{\alpha}$$

ferner hat man:

$$v + V(1 + a T) = V(1 + a t)$$

weil eine Ablesung τ einem Zustand entspricht, als ob V in $V(1 + \alpha \tau)$
übergegangen wäre. Hieraus folgt, V und V eingesetzt, aus 3) und 4)

$$T = \tau + v a (T - t).$$

Bei einer ersten Annäherung setzt man nun $T = \tau$ und findet links
T_1, diefs benutzt man und setzt es für T ein, so erhält man T_2 u. s. f.
Gewöhnlich begnügt man sich mit der ersten Approximation.

ferenzspalt, dessen beide Schneiden sich ungefähr bis auf
einen halben Millimeter genährt waren. Derselbe war an
einem schwarzen Schirm in einem Schieber so angebracht,
dafs man ihn nach zwei auf einander senkrechten Richtungen verstellen konnte.

7) Die Lichtquellen. Auch die Wahl der Lichtquellen
forderte mancherlei Ueberlegungen und Untersuchungen.
Am besten hätte man, um gleichzeitig ein klares Urtheil über
die Aenderung der Dispersion mit der Temperatur zu erhalten, Sonnenlicht benutzt und darin die Fraunhofer'-
schen Linien als Fixpunkte genommen. Da ich meine Versuche aber im Winter machte, und zu jedem einzelnen derselben ziemlich viel Zeit nothwendig war, mufste ich darauf
verzichten, weil wir in unserem Klima sehr oft wochenlang
die Sonne nicht zu sehen bekommen und ich mich von der
Witterung nicht so abhängig machen wollte. Die Fraunhofer'schen Linien im zerstreuten Tageslichte sind, selbst
bei Anwendung von Condensationsapparaten, zu schwach,
um sich derselben bedienen zu können. Ich dachte nun zunächst an die Absorptionsspectra der Gase, z. B. an das des
salpetrigsauren Gases, welches auch Handel, Grailich
und Weifs bei ihren Versuchen gedient hat. Die Coïncidenz einiger dieser Linien mit Fraunhofer'schen ist von
Grailich[1]) nachgewiesen worden. Eine spätere Beobachtung von A. Weifs hat gezeigt, dafs bei Aenderung der
Temperatur oder der Dichte der Dämpfe Verschiebungen in
den Streifen eintreten, dadurch, dafs sich einzelne derselben
auflösen und neue hinzukommen. Da man aufserdem bei
Anwendung künstlichen Lichtes über F hinaus nach dem brech-
bareren Theile des Spectrums zu wenig Strahlen mehr findet, wäre die Methode nicht sehr empfehlenswerth gewesen.
— Eine andere Art homogenes Licht herzustellen, die seiner
Zeit von Fraunhofer angedeutet, von Dutirou[2]) aber
ausgeführt und angewendet worden ist, erfordert eine ziem-

1) Grailich »Krystallograph. opt. Untersuchungen« S. 21.
2) Dutirou: *Ann. de chim. et de .phys. sér. III T. 28, p. 186.*

lich complicirte Einrichtung: wir verweisen deshalb auf die Originalabhandlung.

Als einfachstes Mittel schien mir endlich blos noch übrig zu bleiben, die hellen Linien zu benutzen, die in Flammen glühende Metalldämpfe im Spectralapparat zeigen; für die Fraunhofer'sche Linie *D* ergab sich ohne Weiteres die Natriumlinie, alle übrigen Metalle, wie Kalium, Stroutium, Calcium usw. gaben Linien, die zu schwach waren, um auf 8ᵐᵉᵗ· Entfernung mit meinem gebrochenen Fernrohr wahrgenommen zu werden, so dafs mir nur noch die rothe Lithiumlinie und die grüne Linie des Thalliums übrig blieb, da die glänzenden Linien des Caesiums, Indiums und anderer neu entdeckter Metalle, wegen der Kostspieligkeit der Präparate, nicht verwendet werden konnte.

Die drei Linien des im Inductionsstrome eines Ruhmkorff'schen Apparats glühenden Wasserstoffgases einer Geifsler'schen Röhre, wie dieselben Landolt verwendete, konnten wegen praktischer Schwierigkeiten nicht benutzt werden.

Da es zur Berechnung der Dispersionsformel nöthig war, die Wellenlänge des angewendeten homogenen Lichtes zu kennen, so versuchte man eine Bestimmung dieser Gröfsen unter der Voraussetzung, dafs die Wellenlänge für die Linie D ($A_n = 0^{mm},0005888$) bekannt wären. Ich benutzte ein Fraunhofer'sches Gitter und mafs die Abstände der ersten Beugungsbilder von einander. Nach der Theorie der Beugungsspectra müssen sich dann die Sinus der Ablenkungswinkel verhalten wie die Wellenlängen. . Leider konnte man mit dem Theodolit nicht genauer als bis auf 10" messen, aufserdem war die Einstellung auf die wenig intensive Lithiumlinie und die, fast nur momentan auftretende, Linie des flüchtigen Thalliums ziemlich schwierig. Die angestellten Messungen sind folgende:

Lithiumlinie.	Natriumlinie.	Thalliumlinie.
A	A	d
1° 50 55" — 6	1° 37' 15" + 1	1" 28' 8" + 13
1" 50' 45" + 4	1° 37' 17" — 1	1° 28' 25" — 4
1° 50' 47' + 2	1° 37' 18" — 2	1" 28' 25" — 4
1° 50' 43" + 6	1° 37' 5" + 11	1° 28' 27" — 6
1° 50' 48" + 1	1° 37' 18" — 2	1" 28' 18" + 3
1° 50' 57" — 8	1° 37' 22" — 6	1° 28' 22" — 1
1° 50' 49" Mittel	1° 37' 16" Mittel	1° 28' 21" Mittel.

Wir haben die fortlaufende Proportion:

$$A_{Li} : A_D : A_{Tl} = \sin 1° \, 50' \, 49" : \sin 1° \, 37' \, 16" : \sin 1" \, 28' \, 21".$$

Da nun A_D bekannt ist, so leitete man hieraus ab:

$$A_{Li} = 0{,}0006708 \quad A_{Tl} = 0{,}0005348.$$

Berücksichtigt man ferner, dafs nach Fraunhofer's Messungen [1]):

$$A_B = 0{,}0006878 \atop A_C = 0{,}0006564 \Big\} \ A_{Li} = 0{,}0006708$$

$$A_D = 0{,}0005888 \atop A_E = 0{,}0004843 \Big\} \ A_{Tl} = 0{,}0005348$$

so sieht man, dafs der rothe Strahl des Lithiums zwischen B und C und das homogene grüne Licht des Thalliums zwischen die Fraunhofer'schen Linien D und E, sehr nahe zu E fällt.

Von anderen Angaben für diese Zahlen ist mir nur bekannt: erstens eine solche von Fizeau [2]) für rothes Lithiumlicht, abgeleitet aus Interferenzerscheinungen anderer Art, $A = 0{,}0006703$; zeitens Messungen von Müller [3]) in Freiburg nach derselben Methode, die ich benutzte; diese letzteren ergaben:

$$A_{Li} = 0{,}0006763 \quad A_D = 0{,}0005918 \quad A_{Tl} = 0{,}0005348$$

1) Denkschrift der Münchener Akademie aus dem Jahre 1823, hieraus Gilbert's Ann. Bd. 78.

2) Fizeau, oben citirte Abhandlung: *Ann. de phys. et de chim. ser. III, T. LXVI, p.* 429. Man erlaubt sich hierbei auf einen kleinen Irrthum Fizeau's aufmerksam zu machen. Derselbe hält nämlich die gelbe Lithiumlinie β_{Li} für identisch mit der Natriumlinie. Dafs diefs nicht der Fall ist, lehrt sowohl die Angabe Kirchhoff's, als auch der Augenschein.

3) Pogg. Ann. Bd. 128, S. 642 bis 644.

Das von ihm gebrauchte Instrument, ein Babinet'sches Goniometer, gestattete aber nur Ablesung auf Minuten. Da die Fraunhofer'schen Zahlen, obwohl in der vierten benannten Decimale nicht mehr sicher, doch immerhin noch die genauesten sind, so lege ich meinen, auf dieselben gestützten Angaben für die Wellenlängen der Lithiumlinie und der Thalliumlinie den meisten Werth bei. Die wahrscheinlichsten Fehler w des Endresultats meiner Beobachtungen sind:

$$w = \pm\, 0{,}6745 \,\sqrt{\frac{\varDelta_1^2 + \varDelta_2^2 + \varDelta_3^2 + \cdots}{s\,(s-1)}}$$

$$w_{Li} = 1''{,}5 \quad w_{Na} = 1''{,}6 \quad w_{Tl} = 1''{,}9$$

wonach man die Zuverlässigkeit meiner Resultate heurtheilen kann.

IV.
Die angestellten Messungen.

Man verfuhr bei den Beobachtungen nach folgendem Schema:

1) Winkelbestimmung des Prisma bei der Temperatur der Beobachtung.
2) Einstellung des Minimums der Ablenkung für die Natriumlinie.
3) Constanterhalten der Temperatur und Ablesung des Thermometers.
4) Messung des Winkels der kleinsten Deviation.
5) Messung der Abstände der Drehungsaxe des Universalinstrumentes von dem Prisma und von der Spalte.
6) Bestimmung der Temperatur des Beobachtungslocales.

Die Winkelbestimmungen (1) wurden immer für eine kleine hinter einander fortlaufende Reihe von Beobachtungen, die sich auf ein nicht zu grofses Temperaturintervall bezogen, combinirt und das Mittel daraus als wahrscheinlichster Werth eingeführt.

Um während der Dauer einer Beobachtung die Temperatur constant zu erhalten, wurde so verfahren, dafs man

die Lampe nach Erwärmung der Flüssigkeit, während der
Einstellung der Linien, entweder ganz entfernte, oder die
Flamme derselben ganz klein machte. Während sich die
äufsere Flüssigkeit, die wärmer war, gegen die innere in's
Wärmegleichgewicht setzte und der Ausstrahlungsprocefs
bereits begann, gab es immer einige Secunden, während welcher die Temperatur in der Flüssigkeit ziemlich gleichförmig
blieb. Diefs machte sich dadurch kenntlich, dafs die gebrochenen Bilder der Spectral-Linie scharf begränzt und gerad-
linig erschienen. Dann wurde die Linie rasch eingetsellt
und die Temperatur am Thermometer abgelesen. Das Minimum der Ablenkung wurde stets nur für die Natriumlinie
eingestellt und diese Stellung blieb auch innerhalb mehrerer
Grade Temperaturschwankung ungeändert, da selbst bedeutende Abweichungen vom wahren Minimum noch keinen Einflufs auf die Lage des gebrochenen Bildes ausüben. Streng
genommen müfste man dann nach einer etwas anderen Formel das Endresultat berechnen. Wir haben hier durchgängig
davon abgesehen.

Ist nämlich für einen Strahl, z. B. *D* das Minimum der
Ablenkung eingestellt, so dient zur Rechnung:

$$\frac{n}{D} = \frac{\sin \frac{1}{2}(d + a)}{\sin \frac{1}{2}\,a} \quad (A).$$

Sind nun i_1 und i_2 die Einfallswinkel und r_1 und r_2 die
Brechungswinkel an den beiden Flächen (siehe Figur 8)
so ist

1) $\sin i_1 = n \sin r_1$ $\sin i_2 = n \sin r_2$
2) $r_1 + r_2 = a$
3) $d = i_1 + i_2 - a$ oder $i_1 = d - i_2 + a$
4) $\sin(d - i_2 + a) = n \sin(a - r_2)$.

Bei Einstellung des Minimum der Ablenkung ist nun:

$$i_1 = i_2 = \frac{d + a}{2} \quad r_1 = r_2 = \frac{a}{2}$$

Ein Nachbarstrahl habe nun bei ungeänderter Stellung
des Prisma eine Ablenkung $d - \delta$, sein Brechungsindex
sey ν, sein erster Brechungswinkel ϱ_1. Wegen der Unver-
änderlichkeit des Einfallswinkels folgt dann:

$$5)\ \sin\frac{(d+\alpha)}{2} = \nu \sin \varrho_1.$$

Für den zweiten Brechungswinkel hat man:

$$6)\ \sin\left(\frac{d+\alpha}{2} - \delta\right) = \nu \sin (\alpha - \varrho_1).$$

Setzt man nun $\varrho_1 = \frac{\alpha}{2} + \beta$ und zerlegt 6), so findet man:

$$7)\ \sin\frac{d+\alpha-\delta}{2} \cos\frac{\delta}{2} - \cos\frac{d+\alpha-\delta}{2}\sin\frac{\delta}{2}$$
$$= \nu \sin\frac{\alpha}{2}\cos\beta - \nu\cos\frac{\alpha}{2}\sin\beta.$$

Aehnlich findet man aus 5)

$$8)\ \sin\frac{d+\alpha-\delta}{2}\cos\frac{\delta}{2} + \cos\frac{d+\alpha-\delta}{2}\sin\frac{\delta}{2}$$
$$= \nu \sin\frac{\alpha}{2}\cos\beta + \nu\cos\frac{\alpha}{2}\sin\beta.$$

Addirt und subtrahirt man 7) und 8), so ergiebt sich 9) und 10):

$$9)\ \sin\frac{d+\alpha-\delta}{2}\cos\frac{\delta}{2} = \nu\sin\frac{\alpha}{2}\cos\beta.$$

$$10)\ \cos\frac{d+\alpha-\delta}{2}\sin\frac{\delta}{2} = \nu\cos\frac{\alpha}{2}\sin\beta.$$

Dividirt man 10) durch 9), so folgt:

$$11)\ \cot\frac{d+\alpha-\delta}{2}\ \tan\frac{\delta}{2}\ \tan\frac{\alpha}{2} = \tan\beta.$$

Hieraus bestimmt man β und findet dann nach der Formel (B)

$$12)\ \nu = \frac{\sin\left(\frac{d+\alpha}{2}\right)}{\sin\left(\frac{\alpha}{2}+\beta\right)}\quad (B).$$

den Brechungsindex.

Führen wir diese Rechnung aus für die drei Angaben bei 0°, nachdem dieselben auf $10''$ abgerundet worden, so ist:

$d_{N_a} = 22^0\ 55'\ 5''\quad \delta_{Li} = 10'\ 0''\quad \delta_{Th} = -8'20''\quad \alpha = 58^0 38'\ 31''$

Man findet hiermit: $\beta_{Li} = +3'\ 16''\quad \beta_{Th} = -2'\ 42''$.

Diefs in 12) eingesetzt giebt:

$$n_{Li} = 1{,}33154 \qquad n_{Th} = 1{,}33566,$$

während man nach der gewöhnlichen Methode diese Werthe ebenfalls zu:

$$n_{L} = 1{,}33154 \qquad n_{TA} = 1{,}33566$$

bestimmt.

Die Differenzen sind in der fünften Decimale noch unmerklich, man konnte daher mit vollem Recht durchgängig nach der einfacheren Formel (*A*) rechnen. Die Beobachtungsresultate selbst sind in den Tabellen I, II, III zusammengefafst. Es mufste einmal die Aufstellung gewechselt werden, wodurch die Distanzen geändert wurden; die bei der ersten Aufstellung gemachten Messungen sind durch ein Sternchen (*) kenntlich. Die Spalte »corrigirte Temperatur« erhält die für das Herausragen der Scala (von — 55° an und bei 8° Lufttemperatur) und die Abweichungen vom Normalthermometer corrigirten Thermometerangaben. Die Columnen »Winkel der kleinsten Ablenkung« enthalten unter φ die Ablesungen am Universalinstrument, unter ψ die Correctionen wegen der excentrischen Aufstellung des Prisma's und unter δ die eigentliche Deviation des Strahles. Die Lufttemperatur schwankte während der sämmtlichen Beobachtungen (nur wenige Zehntelgrade abweichend) um 7° R. Der Luftdruck änderte sich zwischen 337''' P. und 330''' P. Quecksilberhöhe. Die Beobachtungen bei 0° sind angestellt, indem man den Hohlraum des Prisma P_1 mit schmelzendem reinen Eis anfüllte und so lange wartete, bis keine Veränderung des Brechungsindexes mehr bemerkbar war.

(Hier folgt Tabelle I, II und III.)

Tabelle II. Die Brechungs

| Temperatur | | Brechender Winkel | Winkel d |
abgelesen	corrigirt		φ
0°	0°	58° 38′ 31″	21° 57′ 5″
0	0	58 38 31	21 57 9
1,2	1,2	58 38 31	21 56 55
3,1	3,2	58 38 31	21 56 53
3,9	4,0	58 38 31	21 56 46
4,6	4,6	58 38 31	21 56 41
7,7	7,9	58 38 31	21 56 4
7,9	8,0	58 38 31	21 56 2
8,1	8,2	58 38 31	21 55 55
10,0	10,2	58 38 2	21 55 27
*11,4	11,8	58 37 24	21 53 50
*18,0	18,4	58 37 24	21 51 25
*18,4	18,8	58 37 24	21 50 30
*19,4	19,6	58 37 24	21 50 10
20,5	20,9	58 37 55	21 49 45
23,2	23,7	58 38 19	21 49 8
30,3	30,8	58 38 19	21 44 23
32,1	32,7	58 38 3	21 42 45
*39,2	39,8	58 37 55	21 35 50
*39,9	39,9	58 37 55	21 35 55
42,2	42,9	58 38 3	21 33 30
*42,5	43,4	58 37 55	21 32 25
54,3	55,2	58 38 23	21 21 10
66,3	67,7	58 37 55	21 5 33
68,2	69,6	58 37 55	21 4 13
70,9	72,3	58 38 12	21 2 20
71,0	72,4	58 38 12	21 0 40
71,4	73,0	58 38 12	21 0 5
73,5	75,1	58 37 55	20 57 8
75,6	77,3	58 37 12	20 54 55

Hiernach ergiebt sich der wahrscheinliche Fehler einer Beobac
1) beurtheilt aus allen 30 Werthen zu: $w = 0,52$ } Ei
2) für die zwischen 0° u. 10° gelegenen zu $w = 0,17$ }

xpouenten des Wassers für die Natriumlinie.

kleinsten Ablenkung		Brechungsindex		Differenz	
ψ	δ	beobachtet	berechnet	$\varDelta$	$\varDelta^2$
57′ 58″	22° 55′ 3″	1,33375	1,33374	+0,1	0,01
57 58	22 55 7	1,33380	1,33374	+0,6	0,36
57 57	22 54 52	1,33375	1,33374	+0,1	0,01
57 57	22 54 50	1,33372	1,33371	+0,1	0,01
57 56	22 54 42	1,33271	1,33369	+0,2	0,02
57 56	22 54 37	1,33368	1,33368	+0	0,00
57 55	22 54 59	1,33355	1,33355	0	0,00
57 55	22 53 57	1,33353	1,33355	—0,2	0,04
57 55	22 53 50	1,33350	1,33354	—0,4	0,16
57 53	22 53 20	1,32340	1,33343	—0,3	0,09
58 39	22 52 29	1,3333	1,3333	0	0,00
58 33	22 49 58	1,3328	1,3327	+1	1,00
58 30	22 49 0	1,3325	1,3326	—1	1,00
58 29	22 48 39	1,3324	1,3325	—1	1,00
58 28	22 48 13	1,3323	1,3324	—1	1,00
57 38	22 46 46	1,3319	1,3319	0	0,00
57 26	22 41 49	1,3308	1,3308	0	0,00
57 22	22 40 7	1,3304	1,3304	0	0,00
57 53	22 33 43	1,3291	1,3290	+1	1,00
57 53	22 33 48	1,3291	1,3290	+1	1,00
56 59	22 30 29	1,3283	1,3283	+0	0,00
57 44	22 30 9	1,3283	1,3282	+1	1,00
56 28	22 17 38	1,3253	1,3253	0	0,00
55 49	22 1 22	1,32175	1,3220	—2,5	6,25
55 46	22 59 59	1,32145	1,3214	+0,5	0,25
55 40	21 58 0	1,3209	1,3210	—1,0	1,00
55 36	21 56 16	1,3205	1,3205	0	0,00
55 35	21 55 40	1,3204	1,3204	0	0,00
55 30	21 52 38	1,3198	1,31985	—0,5	0,25
55 22	21 50 17	1,3192	1,3193	—1	1,00

$\Sigma\varDelta^2 = 16,45$

tung
heiten der vierten Decimale.

Um die Excentricitätscorrectionen anzubringen, mußte man noch die oben erwähnten Abstände messen. Man fand für die erste Aufstellung, auf die sich die mit einem Sternchen versehenen Beobachtungen beziehen:

1) Entfernung des Spaltes von der Drehungs- ⎧ 7795""
axe des Universalinstrumentes: ⎨ 7796
⎩ 7793

Mittel: 7795""

2) Entfernung des Prisma's von dem Universalinstrument:

342"",2
342"",1
341"",7

Mittel: 342"",0

Bei der zweiten Aufstellung ergab sich:

No. 1) entsprechend: 7789""   No. 2) entsprechend: 337"",4
7791   337"",5
7790   337"",3
7790,5   337"",4
7790   337"",2
7790   337"",1

Mittel: 7790"",1   Mittel: 337"",3

Aus der vollkommenen Uebereinstimmung der aus beiden Aufstellungen hervorgegangenen Resultate kann man einen Schluß auf die Zuverlässigkeit der Methode machen.

Die Mitten des direct gesehenen und des gebrochenen Bildes der Spalte lagen nicht genau in einer Ebene, sondern waren um 7' 45" in der Höhe verschieden. Die anzubringende Correction ist leicht aus dem rechtwinkeligen sphärischen Dreieck ABB' abzuleiten (siehe Figur 9). AB' sey die im Hauptkreis gemessene Ablenkung des Lichtstrahles, BB' die Höhendifferenz, so ist der Winkel der Ablenkung, den man eigentlich messen sollte, AB und cos AB = cos AB' cos BB'. Bemerkt man noch, daß log cos 8' = 9,9999988, so ist ersichtlich, daß man von einer Correction der abgelesenen Winkel absehen konnte.

Die Winkel der kleinsten Ablenkung, die man direct am Universalinstrument gemessen, mußten wegen der Excentricität des Prisma's noch um eine positive Correction ψ vermehrt werden. Um dies zu erleichtern, construirte man Hülfstäfelchen, die von 5 zu 5 Minuten die Correctionen ergaben. Was endlich die Fehler der einzelnen Beobachtungen betrifft, so können solche herkommen: von Ungenauigkeiten 1) in der Bestimmung von ψ und α, 2) in der Bestimmung der Distanzen, 3) in der Bestimmung der Temperatur.

Die Messung der kleinsten Ablenkung dürfte zwischen den Temperaturen 0' und 10", wo man nicht mit Schwierigkeiten wegen des Constanthaltens der Temperatur zu kämpfen hatte, auf 5" genau anzunehmen seyn: bei höheren Temperaturen können leicht die Fehler bis zu 30" wachsen und für die höchsten Temperaturen, zumal bei der Thalliumlinie und Lithiumlinie, die dann ziemlich lichtschwach waren, gehen sie, nach den Resultaten beurtheilt, bis zu 1'. Hieraus folgt für die niederen Temperaturen eine Sicherheit bis auf drei Einheiten der fünften Decimale; von 10° an bis zu den höheren Temperaturen dürfte die vierte Decimale nicht mehr auf eine Einheit sicher seyn und zwischen 70° und 80" können die Fehler bis auf zwei Einheiten der vierten Decimale steigen, da ein Fehler in ψ von 1' gerade zwei Einheiten der vierten Decimale im Index entspricht.

Die Bestimmung der Längen kann ebenfalls zu Fehlern Anlafs geben, da hiervon die Gröfse der Correction ψ abhängt. Einer Aenderung der gröfseren Distanz um 10^{mm} entspricht eine Aenderung von ψ um 5"; der Fehler dürfte hier aber nicht über 4^{mm} hinaus gehen; die einzelnen Messungen dieses Werthes stimmen unter sich (siehe Seite 39) noch weit besser überein. Einer Aenderung der kleineren Distanz um 10^{mm} entspricht eine Aenderung von ψ um 1' 45", doch glaube ich, dafs bei meiner Bestimmungsweise der Fehler in dieser Länge 2^{mm} kaum erreicht. Es können also durch Fehler in den Längenmessungen noch Abweichungen in ψ bis zu 26" zu den übrigen Fehlern hinzu kommen. — Der wahrscheinliche Fehler in der Winkel-

bestimmung des Prisma wird nicht 10″ übersteigen, wie die
Uebereinstimmung der für eine bestimmte Temperatur ge-
messenen Winkel zeigte. Diese Messungen werden um so
genauer seyn, da man meistens drei Winkelmessungen zu
einem eingeführten Winkelwerth zusammenzog. Eine Abweichung von 10″ in a bedingt einen möglichen Fehler im
Brechungsindex um zwei Einheiten der fünften Decimale. —
Die Fehler in der Ablesung oder in der Correction der
Temperatur können bis zu 0″,3 steigen, was bei niederen
Temperaturen einen fast verschwindenden Einflufs hat, während es bei höheren Temperaturen einen Fehler um eine
bis zwei Einheiten der vierten Dicimale mit sich bringen
könnte.

V.

Die Ausgleichungsrechnung.

Nachdem man auf die vorhin angeführte Weise die Beobachtungen in Tabelle I, II, III erhalten hatte, wurden dieselben zuerst graphisch aufgetragen; um zu sehen, ob sich
keine derselben soweit von einem gesetzmäfsigen Gange ent-
ferne, dafs man einen groben Rechenfehler oder Beobachtungsfehler annehmen müfste. Da sich diefs nirgends zeigte
und Controlen die Richtigkeit der Rechnung gezeigt hatten,
wurde versucht, den sichtlich vorhandenen regelmäfsigen
Verlauf der Werthe einem mathematischen Ausdrucke unter-
zuordnen.

Der nächst liegende Gedanke war hier der, zu probiren,
ob nicht eine Formel den Versuchen genüge, die der für
die Ausdehnungscoëfficienten gebräuchlichen ähnlich ist.
Um nun den Anschlufs verschiedener Curven, die diesen
Gesetzen entsprechen, versuchen zu können, nahm man einige
aus den Beobachtungen für die Natriumlinie und zog hieraus vier sogenannte Normalorte:

t	$0°$	$10°$	$40°$	$70°$
n_t	1,33380	1,33340	1,32910	1,32115

mit deren Hülfe angenäherte Werthe der Constanten gerechnet wurden. Man glaubte annehmen zu können, ohne

irgendwie sich von der Wahrheit zu entfernen, dafs eine
Formel, der sich der Brechungsindex für D anpasse, der
Form nach auch auf die beiden anderen Strahlen anwend-
bar sein müsse. Man erhielt für eine Curve von der Form

$$n, = a + bt + ct^2,$$

1) $n, = 1,3338 - 1,0000332t - 0,0000002107t^2$

aus den 3 Normalorten 0^0, 40^0 und 70^0. Diese Linie läfst
alle Anfangswerthe zu klein finden, schliefst sich bei mitt-
leren Temperaturen ziemlich gut an und weicht am Ende
wieder ziemlich stark einseitig von den beobachteten Gröfsen ab. Da also diefs Gesetz nicht befriedigen konnte, so
wurde $n, = a + bt + ct^2 + dt^3$ versucht und hierzu aus
den obigen vier Werthen folgende Constanten berechnet:

2) $n, = 1,3'33 - 0,00001099\ t - 0,0000002980\ t^2$
$$+ 0,000000007936\ t^3$$

Diese Gleichung schliefst sich allerdings den Beobachtungen vorzüglich an. — Bei einem Vergleich der ersten
Glieder sieht man, dafs das lineare Glied gegen die anderen
sehr klein ist, und man versuchte daher, ob seine Vernach-
lässigung einen wesentlichen Unterschied bedinge. Die
Rechnung wurde daher wiederholt für $n, = a + ct^2 + dt^3$
und:

3) $n, = 1,3538 - 0,000003412\ t^2 + 0,00000001186\ t^3$

gefunden, eine Formel, die sich den Beobachtungen ebenso
gut anschlofs, wie die vorhergehende. — Eine einzelne frühere Beobachtung hat mir aber als wahrscheinlich erscheinen
lassen, dafs unter Null Grad bei flüssigem Wasser der Brechungsexponent wieder abnimmt, mit Rücksicht hierauf vermuthete ich eine symmetrische Gestalt der Formel und versuchte endlich noch:

$$\mu = a + bt^2 + ct^4$$

und berechnete hierfür:

4) $n, = 1,3338 - 0,000003110\ t^2 + 0,0000000001078\ t^4$.

Diese Formel schliefst sich den Beobachtungen auch sehr
gut an und ist so einfach, dafs ich beschlofs, dieselbe *will-
kürlich* für die zu nehmen, nach welcher sich der Brechungs-

exponent ändere, und nach dieser das Ausgleichungswerk einzuleiten.

Da in $n_i = a + bt^2 + ct^4$ für niedere Temperatur c nur unbedeutenden Einflufs hat, bestimmte man die Indices für 0^n aus den Beobachtungen zwischen 0^n und 10^n nach der Formel $n = a + bt^n$. Diese Werthe sind ohnehin genauer als alle übrigen, einmal weil die Temperatur der Flüssigkeit von derjenigen der umgebenden Luft nur sehr wenig verschieden ist und somit die Temperaturbestimmungen correcter sind, und anderntheils weil in Folge dessen die gebrochenen Bilder der Linien viel schärfer und deutlicher sind und somit der Einstellungsfehler geringer ist.

Man fand auf diese Weise nach der Methode der kleinsten Quadrate:

$$n_. = 1{,}33154 \ \text{(für Li)} \quad n_. = 1{,}33374 \ \text{(für Na)}$$
$$n_. = 1{,}33568 \ \text{(für Th)}.$$

Nun erfolgte die Ausgleichung nach der Methode der kleinsten Quadrate nach der Formel:

$$n_i - a = bt^2 + ct^4$$

oder

$$m = bt^2 + ct^4.$$

Da nun sowohl m als t mit Fehlern behaftet ist, findet man nicht:

$m - bt^2 - ct^4 = 0$, sondern $m - bt^2 - ct^4 = \delta$.

Nach der Ausgleichungsmethode soll nun $\Sigma\delta^2$ ein Minimum werden, d. h.

$$\frac{\partial \Sigma\delta^2}{\partial b} = 0 \ \text{und} \ \frac{\partial \Sigma\delta^2}{\partial c} = 0,$$

aus diesen beiden Differentialgleichungen leitet sich ab:

$$\Sigma mt^2 = b\Sigma t^4 + c\Sigma t^6 \ \text{und} \ \Sigma mt^4 = b\Sigma t^6 + c\Sigma t^8$$

und hieraus:

$$b = \frac{\Sigma mt^2 \Sigma t^8 - \Sigma mt^4 \Sigma t^6}{\Sigma t^4 \Sigma t^8 - (\Sigma t^6)^2} \qquad c = -\frac{\Sigma mt^2 \Sigma t^6 - \Sigma mt^4 \Sigma t^4}{\Sigma t^4 \Sigma t^8 - (\Sigma t^6)^2}.$$

Es wurden hiernach für die Aenderung der Brechungsexponenten des Wassers mit der Temperatur folgende Formeln gefunden:

1) für die Lithiumlinie:

$n_i = 1,33154 - 0,0000003072\ t^2 + 0,00000000001123\ t^4$

2) für die Natriumlinie:

$n_i = 1,33374 - 0,000003147\ t^2 + 0,000000000001205\ t^4$

3) für die Thalliumlinie:

$n_i = 1,33568 - 0,000003267\ t^2 + 0,0000000000001476\ t^4$

Der Anschlufs dieser Formeln an die beobachteten Werthe, den man in Tabelle I, II, III, nach Seite 38 verfolgen und den man noch sehr leicht aus der graphischen Darstellung [1]) beurtheilen kann, ist ein vollkommen genügender zu nennen, da nur in den höchsten Temperaturen, bei den Beobachtungen für die Lithiumlinie und Thalliumlinie je einmal Abweichungen um drei Einheiten der vierten Decimale vorkommen und diese aus zufälligen Beobachtungsfehlern vollkommen erklärlich sind. Man hat aufserdem nach den drei Formeln eine Tabelle gerechnet, welche die Brechungsindices für unsere 3 Spectrallinien von 2° zu 2° enthält.

IV. Tabelle der Brechungsindices des Wassers

für die

R.	Lithiumlinie	Diffe-renz	Natriumlinie	Diffe-renz	Thalliumlinie	Diffe-renz
0°	1,33154	1	1,33374	1	1,33568	1
2	1.33153	4	1.33373	4	1.33567	4
4	1,33149	6	1,33369	6	1,33563	7
6	1.33143	9	1,33363	9	1,33556	6
8	1,33134	11	1,33354	12	1.33547	12
10	1.33123	13	1,33342	14	1,33535	13
12	1,33110	16	1,33328	16	1,33522	17
14	1.33094	19	1,33312	18	1,33505	20
16	4.33075	20	1.33294	21	1,33485	22
18	1,33055	22	1,33273	23	1,33463	24
20	1,33033	25	1,33250	25	1,33439	25
22	1,33008	27	1,33225	28	1.33412	29
24	1,32981	30	1,33197	31	1,33383	31
26	1.32951	32	1,33166	32	1.33352	33
28	1.32914	33	1,33134	33	1,33319	35
30	1,32886	35	1,33101	36	1,33284	38
32	1,32851	37	1,33065	39	1,33246	39
34	1.32816	40	1,33026	40	1,33207	40
36	1,32776	41	1.32986	42	1,33167	42

1) Siehe die Tafel.

R.	Lithiumlinie	Differenz	Natriumlinie	Differenz	Thalliumlinie	Differenz
38°	1,32733	41	1,32944	42	1,33125	42
40	1,32690	43	1,32901	43	1,33081	44
42	1,32646	44	1,32856	45	1,33036	45
44	1,32600	46	1,32810	46	1,32990	46
46	1,32553	47	1,32762	48	1,32942	48
48	1,32505	48	1,32713	49	1,32891	51
50	1,32456	49	1,32662	51	1,32841	50
52	1,32405	51	1,32611	51	1,32791	50
54	1,32353	52	1,32558	53	1,32740	52
56	1,32300	53	1,32505	53	1,32687	53
58	1,32247	53	1,32451	54	1,32634	53
60	1,32194	53	1,32397	54	1,32581	53
62	1,32139	54	1,32342	55	1,32528	53
64	1,32084	55	1,32287	55	1,32476	52
66	1,32029	55	1,32232	55	1,32424	52
68	1,31974	55	1,32177	55	1,32372	52
70	1,31919	55	1,32121	56	1,32322	50
72	1,31864	55	1,32066	55	1,32270	52
74	1,31809	54	1,32012	54	1,32220	50
76	1,31755	54	1,31958	54	1,32171	49
78	1,31701	54	1,31905	53	1,32127	47
80	1,31647		1,31853	52	1,32083	44

Man mufs dabei berücksichtigen, dafs die vorstehende Tabelle die Brechungsindices enthält aus Wasser in Luft von 7° und ungefähr 335''' Druck; die relativen Indices müfsten also noch auf die Brechung in den freien Aether reducirt werden. — Nach dem Biot-Arago'schen [1]) Gesetz ist die brechende Kraft der Luft, d. h. das Quadrat des Brechungsindex, vermindert um die Einheit, der Dichte proportional. Mithin ist für Luft:

$$n_1^2 - 1 = \frac{\text{Const } b^{mm}}{(1 + \alpha t)\, 760^{mm}}$$

(α Ausdehnungscoëff. d. Luft = 0,00367). Nun ist bekanntlich für $t = 0°$ und $b = 760^{mm}$ nach denselben Physikern $n_1 = 0,000294$ der Brechungsindex der Luft. Hieraus bestimmt sich die Constante = 0,000588. Ist nun n_1 der absolute Brechungsexponent der Luft von t'' und b^{mm} Druck, n der relative Brechungsexponent eines Mittels in Luft von

1) Biot und Arago, *Mémoires de l'Académie de France T. VII*, 1807.

t'' und $b^{==}$ Druck, so ist dessen absoluter Brechungsexponent N

$$N = n_1 . n = n . \sqrt{\frac{1 + 0{,}000588\,h}{(1 + \alpha t)\,760}}.$$

Man könnte meinen: man müfste für t die Temperatur der dem Prisma nächstliegenden Luftschicht annehmen. Eine einfache Rechnung beweist, dafs man nur nöthig hat, die Temperatur des Beobachtungsraumes zu berücksichtigen, unter der Voraussetzung, dafs das Prisma soweit vom Fernrohrobjectiv entfernt ist, dafs dort die Temperatur dieselbe ist, wie im ganzen Zimmer.

Man kann sich denken, dafs die Glasplatte eine Temperatur t habe, die ebenso grofs als diejenige der Flüssigkeit seyn mag, und dafs die Temperatur der Luft innerhalb von Schichten, parallel der Glasplatte, sich nicht ändert, nach aufsen hin aber stetig abnimmt, bis sie in einer gewissen Entfernung vom Prisma der Temperatur T der umgebenden Luft gleich geworden ist. Ich denke mir parallel der Prismenfläche die Luft in so dünne Schichten getheilt, dafs man in diesen die Temperatur als constant ansehen kann. In der dem Glas am nächsten liegenden dieser Schichten sey dieselbe $t - \varepsilon_1 t$, in der übernächsten $t - \varepsilon_2 k$, bis endlich in einiger Entfernung $t - \varepsilon_i t = T$ geworden ist. Kommt aus der Flüssigkeit ein Lichtstrahl und fällt unter i auf die verschliefsende Glasplatte, so wird er nach dem Einfallsloth zu gebrochen unter einem Winkel r. (Siehe Figur 10.) Es sey N der absolute Brechungsexponent des Wassers von t'' und n der des Glases bei t'', v_1, v_2, v_3 die absoluten Brechungsexponenten der Luft von der Temperatur $t + \varepsilon$, t, $t + \varepsilon_2 t$ usw. und v_i derjenige für T'. Die relativen Brechungsquotienten, durch welche das Verhältnifs des Brechungs- zum Einfallswinkel bestimmt wird, sind die Quotienten der absoluten Indices aus dem einen in das andere Mittel. In Folge dessen hängen r und i von einander ab durch die Gleichung:

$$\sin r = \frac{n}{N} \sin i.$$

Da die Begränzungen der Luftschichten jedesmal der
planparallelen Glasplatte parallel angenommen worden sind,
so sind die Brechungswinkel aus dem vorhergehenden Mittel
jedesmal die Einfallswinkel in das nachfolgende Medium und
somit in unserer Beziehung:

$$\sin r_1 = \tfrac{r_1}{n} \sin r, \qquad \sin r_2 = \tfrac{r_2}{r_1} \sin r_1 \text{ usw.}$$

$$\sin r_i = \tfrac{r_i}{r_{i-1}} \sin r_i - 1.$$

Substituirt man diese Gleichungen der Reihe nach jede
in die nachfolgende, so findet man:

$$\sin r_i = \tfrac{r_i}{N} \sin i$$

d. h. die Brechung aus einem erwärmten Hohlprisma in
Luft von T^0 erfolgt gerade so, als ob der Strahl direct aus
der erwärmten Flüssigkeit in Luft, von der Temperatur des
Beobachtungslokales ausgetreten wäre und nur eine parallele Verschiebung erfahren hätte.

Der Luftdruck schwankte während der Beobachtungen
zwischen 337''' und 330''' Par. Linien, wofür wir im Mittel
und auf Millimeter reducirt 755ᵐᵐ setzen [1]). Man kann nun
mit Hülfe der Seite 46 gegebenen Formel die relativen Brechungsexponenten auf absolute reduciren, die Correction be-
trägt

für Brechungsexponenten	= 1,33570	+ 0,00038,
» » »	= 1,32710	+ 0,00038,
» » »	= 1,31650	+ 0,00039.

Man braucht also zu den sämmtlichen Werthen, welche
in der Tabelle IV enthalten sind, nur 0,00038 hinzuzu-
addiren, um daraus auch die absoluten Brechungsexponenten
des Wassers für die Lithiumlinie, Natriumlinie und Thalliumlinie entnehmen zu können.

Aus den gefundenen Zahlenwerthen in der Tabelle IV
leitet man folgende Resultate ab:

1) Ein Unterschied von 10''' im Luftdruck bedingt eine Differenz um
keine ganze Einheit der fünften Decimale bei Berechnung der absoluten Brechungsexponenten, so daß obige Einführung eines constanten
Druckes erlaubt war.

1) Der Brechungsindex des Wassers nimmt stetig ab von 0° bis 80° R., ohne bei dem Dichtigkeitsmaximum irgend eine Abweichung von dem Aenderungsgesetze zu zeigen, mithin die Fortpflanzungsgeschwindigkeit des Lichtes stetig zu. Die Aenderung des Brechungsindex mit der Temperatur läfst sich auf befriedigende Weise durch eine Formel:

$$\mu = a - bt^2 + ct^4$$

ausdrücken. Bei höheren Temperaturen, für die Lithiumlinie bei 77° R., für die Natriumlinie bei 71° und für die Thalliumlinie bei 61°, liegen in den von uns gerechneten Curven Wendepunkte. Dieselben können durch den Charakter der Formel hinein gekommen seyn und brauchen nicht in der Natur der Erscheinungen selbst begründet zu seyn. Die Abnahme des Brechungsindex pro 1° steigt von 0,00005 bis 0,00028; sie ist bei den höchsten Temperaturen am gröfsten.

2) Die Dispersion zwischen der Lithiumlinie und der Natriumlinie wird bei dem Wasser ausgedrückt durch:

4) $D_1 = n_{Na} - n_{Li} = 0,00220 - 0,0000000751\, t^2$
$+ 0,00000000000082\, t^4$

und erreicht ein Minimum, wenn $\frac{dD_1}{dt} = 0$, d. h. bei 67°,6 R.

Die Dispersion zwischen der Natrium- und Thalliumlinie wird ausgedrückt durch:

5) $D_2 = n_{Ti} - n_{Na} = 0,000194 - 0,0000000120\, t^2$
$+ 0,0000000000271\, t^4$

und wird ein Minimum, wenn $\frac{dD_2}{dt} =$ d. h. bei 47°,1 R.

Die Dispersion zwischen der Lithium- und Thalliumlinie

6) $D_3 = 0,00414 - 0,000000195\, t^2 + 0,00000000000353\, t^4$

wird am kleinsten zwischen 0° und 80° R. bei 52°,6 R. Diese letzten Resultate, die sich auf die Dispersion beim Wasser beziehen, können allerdings in Staunen versetzen, da sie zum Theil den Beobachtungen Gladstone's und Dale's widersprechen. Die Werthe, um die es sich hier-

bei bandelt, sind aber sehr klein, und die geringe Differenz
der Wellenlängen zwischen den von uns gewählten Strahlen
ist nicht geeignet unzweideutig zu entscheiden, ob man es
blofs mit dem Resultate einer nicht ganz anschliefsenden
Interpolationsformel, oder einer wirklich von der Natur gegebenen eigenthümlichen Erscheinung zu thun hat.

Mit Hülfe der drei Formeln für die Brechungsindices
sind wir im Stande drei Relationen aufzustellen:

$$a_1 + b_1 t^2 + c_1 t^4 = A + \frac{B}{\lambda_1^2} + \frac{C}{\lambda_1^4}$$

$$a_2 + b_2 t^2 + c^2 t^4 = A + \frac{B}{\lambda_2^2} + \frac{C}{\lambda_2^4}$$

$$a_3 + b_3 t^2 + c_3 t^4 = A + \frac{B}{\lambda_3^2} + \frac{C}{\lambda_3^4}$$

aus denen A, B und C als Functionen der Temperatur abgeleitet werden können.

Da das Wasser sehr geringe Dispersion zeigt, so kann
man sich in der Cauthy'schen Dispersionsformel

$$n = A + \frac{B}{\lambda^2} + \frac{C}{\lambda^4} + \ldots$$

ohne wesentlichen Fehler der ersten Approximation $n = A$
$+ \frac{B}{\lambda^2}$ bedienen. Wir wollen daher mit Rücksicht auf einen
späteren Zweck uns damit begnügen, aus den Formeln für
den Lithiumstrahl (1) und den Thalliumstrahl (3) A und B
zu bestimmen.

Man findet:

$A_t = \alpha_1 - \alpha_2 t^2 + \alpha_3 t^4$, wobei $\quad \alpha_1 = 1{,}32432$

$\log \alpha_2 = 0{,}436957 - 6$

$\log \alpha_3 = 0{,}709100 - 11$

$B_t = \beta_1 - \beta_2 t^2 + \beta_3 t^4$, wobei $\log \beta_1 = 0{,}511831 - 9$

$\log \beta_2 = 0{,}184866 - 13$

$\log \beta_3 = 0{,}442606 - 17$

Mit Benutzung der Formel:

$$7) \quad n_{t,\lambda} = A_t + \frac{B_t}{\lambda}$$

kann man, bis auf eine bis zwei Einheiten der vierten Decimale genau, durch Einsetzung des betreffenden λ und t,

den Brechungsindex für jede beliebige Fraunhofer'sche Linie und jede Temperatur (zwischen 0° und 80°) finden.

Um zu zeigen, daß die Dispersionsformel 7) wirklich genügt, um die Brechungsverhältnisse für alle Temperaturen darzustellen, führe ich hier einige nach ihr gerechnete Werthe, die sich auf die *D* linie beziehen, auf, und stelle die direct aus der Tabelle entnommenen Zahlen daneben:

Brechungsindex für die *D*-Linie.

R.	Aus (7) be- rechnet	Beobachtet und ausgeglichen	Diff.
0°	1,33369	1,33374	—0,5
8	1,3334	1,3335	—1
16	1,3329	1,3329	0
24	1,3319	1,3320	—1
32	1,3306	1,3306	0
40	1,3290	1,3290	0
48	1,3271	1,3271	0
56	1,3250	1,3250	0
64	1,3229	1,3329	0
72	1,3207	1,3307	0
80	1,3187	1,3185	+2

Da die Cauchy'sche erste Approximation schon so genügende Resultate liefert, und die Berechnung der Coëfficienten in der sonst viel vorzüglicheren Christoffel'schen Dispersionsformel [1]) sehr umständlich ist, so begnüge ich mich mit dieser Formel 7), und glaube durch sie die Aenderung der Fortpflanzungsgeschwindigkeit des Lichtes im Wasser mit der Wärme ausreichend bestimmt zu haben.

1) Christoffel, Berichte der Berliner Akademie für 1861, 2. Bd. S. 906 bis 919 und 997 bis 999.

Diese Formel basirt allerdings auch auf der ungenügenden Grundlage des Cauchy'schen »*Mémoire sur la dispersion*«, ist aber ebenso wie die Cauchy'sche Formel als empirischer Ausdruck ganz brauchbar und läßt eine sehr interessante Deutung ihrer Constanten n_0 und λ_0 zu..

Sie lautet: $n = \dfrac{n_0 \sqrt{2}}{\sqrt{1 + \frac{\lambda_0}{\lambda}} + \sqrt{1 - \frac{\lambda_0}{\lambda}}}$, wo n der Brechungsindex, λ die

Wellenlänge und n_0 und λ_0 zwei von der Natur des Mittels abhängige Constanten sind.

VI.

Ueber die Beziehung zwischen der Fortpflanzungsgeschwindigkeit des Lichtes und der Dichte.

Bekanntlich hat die Emissionshypothese zwischen der Fortpflanzungsgeschwindigkeit des Lichtes und der Dichte folgende Relation ergeben: [1])

$$\frac{n^2-1}{d} = \frac{4k}{v^2}$$

worin v die Geschwindigkeit des Lichtes in der Luft und k eine Constante bedeutet. Hiernach wäre die sogenannte brechende Kraft $n^2 - 1$ dividirt durch die Dichte eine constante Gröfse.

So lange, unter Benutzung der Vibrationshypothese, die mathematische Theorie des Lichtes bei Aufstellung der Differenzialgleichungen der Bewegung des Aethers die Existenz der Körpermoleciile und deren Einwirkung auf die Aethermoleciile aufser Acht liefs, mufste es unmöglich bleiben, eine Beziehung zwischen den optischen Verhältnissen und der Körperdichte ausfindig zu machen. — Jetzt aber, wo man wohl allgemein nach dem Vorgange eines Cauchy [2]) Redtenbacher [3]), Lorenz [4]), Briot [5]), als Folge einer anziehenden Wirkung der Körpermoleciile auf die Aethermoleciile und einer gegenseitigen abstofsenden Wirkung der Aethermoleciile, eine periodische Anordnung der Aethermoleciile um die Körpermoleciile herum in den Substanzen annimmt, ist eine analytische Lösung dieser Aufgabe wohl vorauszusehen. Eine genauere Discussion der Anzahl der Körpermoleciile, die überhaupt noch auf ein bestimmtes Aethermolecül mit endlicher Kraft wirken, einer Gröfse, die in den Coëfficienten der Differentialgleichung der Bewegung mit

1) Laplace, *Mécanique céleste vol. IV, lib.* X, p 264.
2) Cauchy j. B., *Mémoire sur les vibrations d'un double système de molécules et de l'éther contenu dans un corps cristallisé. Mém. de l'Acad. T. XXV*, p. 599—614 u. a. O.
3) Redtenbacher, Dynamidensystem S. 11 bis 28.
4) Lorenz, Ueber die Theorie des Lichts. Pogg. Ann. Bd. 121, S. 579.
5) Briot, *Essais sur la théorie mathématique de la lumière.*

auftritt, mufs zu einer Relation zwischen Fortpflanzungsgeschwindigkeit des Lichtes und der Körperdichte führen. .
Vorerst fehlt es bezüglich des einzuschlagenden Weges allerdings noch an dem leitenden Gedanken, jedoch ist nicht
nur die Möglichkeit, sondern sogar die Nothwendigkeit eines
Zusammenhanges aus der Natur der auf unsere Anschauungen gestützten Differentialgleichungen zu ersehen. Hier sey
es erlaubt, gleichzeitig auf einen früher berührten Punkt zu-
rückzukommen. Wir waren auf Seite 12 zu dem in Er-
staunen setzenden Resultate gekommen, dafs die Fortpflanzungsgeschwindigkeit des Lichtes in den Flüssigkeiten und
Gasen mit steigender Temperatur derselben im Allgemeinen
zu, bei den meisten festen Körpern aber abnehme. Ein
solch entgegengesetztes Verhalten läfst sich dadurch erklären,
dafs man eine eigne Zunahme der Dichte oder eine Abnahme
der Elasticität des Lichtäthers durch Erwärmung·annimmt.
Während durch die enorme Aenderung der Körperdichte
bei Flüssigkeiten und Gasen diese Eigenänderung des
Aethers ganz durch die Verringerung der Aetherdichte über-
wogen wird, die als Folge der Vergröfserung des Körper-
volumens eintritt, weil sich die Körpermolecüle mit ihren
Aetherhüllen von einander entfernen, so kann bei den ge-
ringen Dichtenänderungen der festen Körper der Einflufs
einer Dichtigkeitszunahme oder Elasticitätsabnahme des Aethers mit der Temperatur der überwiegende Moment seyn
und eine Vergröfserung des Brechungsindex hervorbringen.
— Man sieht also, dafs diese Erscheinungen nicht unverständlich sind: wenn auch die zu Grunde gelegte Hypothese
vorläufig nur durch die Thatsachen bedingt ist, so ist dieselbe doch einfach und annehmbar. — Aber auch hier er-
kennt man, dafs die Aenderungen der Körperdichte und die
optischen Verhältnisse in stetem Zusammenhange sind.
Die Ansicht Jamins, dafs die Vibrationshypothese überhaupt keinen bestimmten Zusammenhang fordere, mufs als
unbegründet zurückgewiesen werden. Da man bis jetzt auf
theoretischem Wege noch keine solche Beziehung aufstellen
konnte, die Nothwendigkeit der Existenz eines Zusammen-

hanges aber den meisten Physikern, wenn auch nur dunkel,
vorschwebte, so hat man verschiedene empirische Relationen
zu gewinnen gesucht, von denen sich aber bis heute noch
keine bewährt hat. Dieselben waren meist zufällig, ohne irgend welche tiefere Begründung, aufgestellt; man probirte
nur, ob wohl irgend eine Function des Brechungsindex oder
der Cauchy'schen Dispersionsconstanten A und B einen
plausiblen Zusammenhang mit der Dichte ergäbe.

Lange Zeit, nachdem die Undulationstheorie bereits Boden gewonnen hatte, vermuthete man noch immer die Constanz der brechenden Kraft $n^2 - 1$. Diese Ansicht wurde
dadurch hervorgerufen, dafs Biot und Arago diese Constanz für Gase nachgewiesen und für Gasgemische erweitert
hatten. Einen weiteren Anhalt fand dieser Irrthum darin,

dafs sich die Relation $\dfrac{n^2 - 1}{d} = $ Const. benutzen liefs, um,

wie Beer und Kremers [1]) zeigten, die Brechungsexponenten von Salzlösungen aus den Bestandtheilen derselben damit zu berechnen. Ebenso hat Hoek [2]), ausgehend von
dieser Relation, die Deville'schen Versuche über Brechungsexponenten von Flüssigkeitsgemischen nachgerechnet, und ist
zu recht gut übereinstimmenden Resultaten gelangt. Auch
Forthomme [3]) hat die »brechende Kraft« ähnlichen Untersuchungen zu Grunde gelegt. Eine sehr eingehende Pole-
mik gegen die Constanz des Quotienten aus brechender
Kraft und Dichte hat Schrauf [4]) geführt und dafür eine
neue Beziehung aufgestellt, deren Gültigkeit er durch Zahlenwerthe zu belegen sucht. — Er geht von der Cauchy'-
schen Dispersionsformel aus und bedient sich der ersten
Approximation:

$$\mu = A + \frac{B}{\lambda^2}$$

1) Beer und Kremers, Pogg. Ann. Bd. 101, S. 133.
2) Hoek, Pogg. Ann. Bd. 112, S. 347.
3) Forthomme, Ann. de chim. et de phys. Bd. 55, p. 307.
4) Ueber die Abhängigkeit der Fortpflanzungsgeschwindigkeit des Lichtes
von der Körperdichte. Pogg. Ann. Bd. 116, S. 193 bis 249.

Auf eine ziemlich willkürliche Weise, deren Begründung mir nicht allein unverständlich geblieben ist, kommt Schrauf für A zu der Differenzialgleichung:

$$\text{I)} \quad A.dA = M.dD$$

wobei M eine Constante und D die Dichte des Körpers bedeutet.

Die Ableitung einer weiteren Gleichung giebt er ungefähr in folgenden Worten: [1]

Der Dispersionscoëfficient ist nach Cauchy von einem Quadrate abhängig; die Dispersion kann nur durch moleculare Störungen höherer Ordnung hervorgerufen werden und so läfst sich, · wie auch der Vergleich der Differenzen zeigt, als richtig postuliren, dafs die Aenderung in B eine Function sowohl der Dichte, als auch ihrer Aenderungen seyn werden, dafs somit:

$$\text{II)} \quad dB = N.D.dD$$

worin N eine neue Constante bedeutet.

Diese beiden Differentialgleichungen sind, da ihre anderweite Begründung nicht einzusehen ist, nur gültig, wenn die aus ihnen abgeleiteten Gesetze durch die Erfahrung wirklich bestätigt werden. Als untere Integrationsgränzen dient die Beziehung, dafs für $D = 0$ keine Brechung und keine Dispersion stattfindet, mithin $A = 1$ und $B = 0$ seyn mufs. Man erhält dann aus I) und II):

$$\text{III)} \quad \frac{A^2 - 1}{D} = M \qquad \text{IV)} \quad \frac{B}{D^2} = N.$$

Die Constante M nennt Schrauf »specifisches Brechungsvermögen«, N bezeichnet er mit dem Namen »specifisches Dispersionsvermögen«.

Obgleich die Ansichten, die Schrauf über die Ursache der Dispersion und über die Einwirkung der Körpermolecüle auf das Licht aufstellt, viel Wahres erhalten und die consequente Durchführung seiner Hypothese geistreich genannt werden mufs, so kann man doch, zumal für den Anfang seiner ·Arbeit, den Vorwurf der Dunkelheit, um nicht zu sagen Unklarheit, nicht unterdrücken.

1) Pogg. Ann. Bd. 116, S. 204.

Um die Constanz der Größen M und N zu begründen, rechnete er die Versuche von Gadstone und Dale (vom Jahre 1858) und benutzte, was ihm sonst an Material zur Verfügung stand, zumal die Beobachtungen von Deville, Cahours, Handl und Weifs, de Roux und Anderen. Es zeigte sich, dafs $\frac{A^2-1}{D}$ annähernd constant war, aber durchgängig mit steigender Temperatur abnahm; für die Constanz von B scheint uns der Beweis durch die Zahlendaten nicht einmal annähernd geführt. Die Abnahme der Größe M suchte er dadurch zu erklären, dafs er annahm, der Winkel des Prisma's habe sich mit der steigenden Temperatur verändert, eine Conjectur, die von Gladstone und Dale[1]) als entschieden unberechtigt zurückgewiesen worden ist.

Alle schönen Schlüsse, die im weiteren Verlaufe auf die Grundannahme gebaut sind, dafs M und N von der Temperatur unabhängig seyen, fallen, sowie man nachweist, dafs diese Größen nicht constant sind, sondern wesentlich mit der Temperatur variiren. Wir können daher auf diese Weise noch nicht als bewiesen ansehen, dafs das Brechungsvermögen constant ist oder ein Multiplum mit den einfachsten Factoren aus der Reihe der natürlichen Zahlen:

$$\frac{n\,(A^2-1)}{d} = B,$$

ferner, dafs nicht die Elasticität, sondern nur die Dichtenvariationen in den Körpern von entscheidendem Einflufs auf die Fortpflanzungsgeschwindigkeit des Lichtes sey und dafs dieselbe nur eine Function der Dichtigkeitsänderung seyn könne usw.

Auch die späteren Abhandlungen des Herrn Dr. Schrauf: »Ueber den Einflufs der chemischen Verhältnisse auf die Fortpflanzungsgeschwindigkeit des Lichtes«[2]) und ebenso »Ueber die Ermittelung des Refractionsäquivalentes der Grundstoffe[3])« erledigen sich durch den Nachweis, *dafs we-*

1) *Phil. Transact.* 1863, p. 343.
2) Pogg. Ann. Bd. 119, S. 461 bis 480 und S. 553 bis 572.
3) Pogg. Ann. Bd. 127, S. 175.

der M noch N Constante sind, sondern höchstens *M* in ziemlich rober Annäherung als solche betrachtet werden kann. Zwei Uebersichten, die wir Seite 58 und 60 folgen lassen, geben Zahlenwerthe von *M* und *N* für einige Substanzen. Die erste derselben ist zum grofsen Theil der zweiten Abhandlung Gladstone's und Dale's [1]) eutnommnen, die zweite habe ich aus meinen eignen Beobachtungen für Wasser gerechnet.

In der erwähnten Abhandlung vermuthen diese ebengenannten beiden Autoren einen anderen Zusammenhang zwischen *A* und *D*, nämlich $\frac{A-1}{D}$ = Const. oder $\frac{nn-1}{D}$ =Const. während sie die Constanz von $\frac{B^2}{D}$ ebenfalls vollkommen in Abrede stellen. Ueber die Schrauf'sche Gröfse *M* äufsern dieselben: *» The »absolute refractive power« is evidently not a constant»* und beweisen durch Zahlen ihren Ausspruch. Sie benutzten zur Berechnung von *A* ihre eigenen Beobachtungen, während sie sich für die Dichte der Zahlen bedienen, welche Kopp in den »Untersuchungen über das specifische Gewicht und die Ausdehnung durch die Wärme und den Siedepunkt einiger Flüssigkeiten« [2]) gegeben hat. — Die Verwendung von Constanten zu einer und derselben Rechnung, die an zwei verschiedenen Sorten derselben Flüssigkeit gemacht sind, kann nicht für zulässig erklärt werden, denn der verschiedene Grad der chemischen Reinheit kann bedeutende Unterschiede bedingen; wenigstens sind so grofse Differenzen in den Angaben der Dichte, wie dieselben zwischen den Arbeiten Pierre's [3]), Kopp's [4]) und Matthiessen's [5]) bestehen, hauptsächlich immer als herrührend von

1) *Researches on the Refraction, Dispersion and Sensitiveness of Liquids. Phil. Transact* v. 153. 1863, *p.* 307 bis 343.
2) Po gg. Ann. Bd. 72, S. 42.
3) Pierre, *Ann. d. chim. et d. phys.* 1825. Nov. u. Dec. Heft *p.* 325.
4) Pogg. Ann. Bd. 72, S. 42.
5) Pogg. Ann. Bd. 128, S. 512 bis 540. Aus: *Report of the British Association for the Advancement of Science* 1863, *p.* 37.

dem verschiedenen Grade der Reinheit der Präparate erklärt werden.

Ich bin mir sehr wohl bewufst, dafs auch mich insofern derselbe Vorwurf trifft, als ich keine Bestimmungen über die Ausdehnung des von mir gebrauchten Wassers gemacht habe. Nur der Mangel an Zeit hat mich abgehalten, diese Versuche auszuführen; die Apparate, die zu denselben benutzt werden sollen, sind bereits angefertigt, ihre Constanten bestimmt, und es sollen die Daten für Wasser bei Veröffentlichung der Fortsetzung meiner Arbeiten mit nachgetragen werden. Gerade beim Wasser, glaube ich, kann man sich am allerersten noch anderer Zahlen bedienen, da dasselbe sehr leicht innerhalb ziemlich enger Gränzen nahezu chemisch rein darzustellen ist. Aufserdem haben Kremers[1]) und auch Matthiessen[2]) nachgewiesen, dafs geringe Beimengungen von Salzen zum Wasser die Ausdehnungsconstanten nicht merklich ändern.

Ich gebrauchte bei meinen Versuchen destillirtes Wasser aus dem chemischen Laboratorium des Herrn Prof. Kolbe und habe dasselbe selbst wiederholt und unter Anwendung aller Vorsichtsmaafsregeln umdestillirt. Vor jeder einzelnen Beobachtungsreihe wurde aufserdem durch längeres Auskochen die absorbirte Luft entfernt.

Es möge eine Uebersicht über einige Zahlwerthe für die angegebenen Relationen zwischen Forpflanzungsgeschwindigkeit des Lichtes und der Dichte folgen:

1) Pogg. Ann Bd. 114, S. 41.
2) Pogg. Ann. Bd. 128, S. 512 bis 540. Aus: *Report of the British Association for the Advancement of Science* 1863, p. 37.

58

Substanz	Temp.	Volumen	A	$\frac{A-1}{D}$	$\frac{n_\infty-1}{D}$	$\frac{A'-1}{D}$	Diff.
Schwefelkohlenstoff	11°	0,9554	1,5960	0,5694	0,5930	1,4782	—68
	22,5	0,9685	1,5865	0,5680	0,5923	1,4714	—15
	36,5	0,9854	1,5753	0,5668	0,5916	1,4599	
äusserste Differenz	25,5	+0,3000	—0,0207	—0,0025	—0,0014	—0,0183	
Wasser	1°	0,9999	1,3227	0,3227	0,3300	0,7495	+2
	15,5	1,0007	1,3228	0,3230	0,3300	0,7497	—5
	27,5	1,0034	1,3216	0,3227	0,3300	0,7492	—6
	48,0	1,0109	1,3198	0,3227	0,3295	0,7486	
äusserste Differenz	+,47	+0,0110	—0,0035	—0,0003	—0,0005	—0,0009	
Alkohol	0°	0,9132	1,3598	0,3986	0,3480	0,7754	—38
	20	0,9326	1,3518	0,2518	0,3478	0,7716	—41
	40	0,9324	1,3435	0,3435	0,3473	0,7675	—47
	60	0,0762	1,3347	0,3347	0,3473	0,7628	
äusserste Differenz	40	+0,0630	—0,0251	—0,0014	—0,0007	—0,0126	
Ameisensäure-Aethyläther (C₄H₈O₄) C₂HO₂	22°	1,0305	1,3476	0,3582	0,3607	0,8409	—12
	31	1,0436	1,3434	0,3584	0,3611	0,8397	—14
	40	1,0573	1,3390	0,3584	0,3615	0,8389	
äusserste Differenz	18	+0,0268	—0,0086	+0,0002	—0,0008	—0,0026	
Benzol	10,5	1,0125	1,4777	0,4836	0,5371	1,1999	—46
	23	1,0228	1,4704	0,4834	0,5370	1,1944	—81
	39	1,0481	1,4601	0,4822	0,5353	1,1863	
äusserste Differenz	28,5	+0,0356	—0,0176	—0,0014	—0,0018	—0,0127	

Siehe Gladstone und Dale, *Phil. Transact. vol. 153, p. 321 und 322.*

A bedeutet hierbei das constante Glied in der Cauchy'schen Dispersionsformel,

D die Dichte der Substanz,

n_∞ den Brechungsindex für die Fraunhofer'sche Linie H.

Ich schliefse hieran die aus meinen Versuchen berechneten Werthe derselben Constanten und lege dabei die neuesten und höchst wahrscheinlich auch zuverlässigsten Bestimmungen der Ausdehnung des Wassers von Matthiessen zu Grunde. Diese Zahlen wurden erhalten durch Abwägen eines festen Körpers, dessen Ausdehnung genau bekannt war, in der zu untersuchenden Flüssigkeit. Da bei diesen Versuchen alle Vorsichtsmaafsregeln angewendet sind und diese Methode weniger constante Fehlerquellen mit sich bringt, als die von Kopp angewendete (die Ausdehnung mit Hülfe thermometerartiger Instrumente (Dilatometer) zu bestimmen), so glaube ich berechtigt zu seyn, die Matthiessen'schen Angaben für die genauesten zu halten. Um den Einflufs des Dichtigkeitsmaximums des Wassers auf den Gang der zu prüfenden Beziehungen zu untersuchen, bediente ich mich von 0° bis 8° C. der von Kopp gegebenen Zahlen, da Matthiessen seine Beobachtungen nicht auf Temperaturen unter 4° C. ausgedehnt hat. Da die von verschiedenen, gleich vorzüglichen Physikern herrührenden Angaben, für die Dichte des Wassers bis in die vierte Decimale von einander abweichen [1]), so begnügte ich mich damit, die ersten fünf Decimalen zu benutzen.

Matthiessen giebt zwei Formeln an, um die Ausdehnung des Wassers zwischen 0° und 100° auszudrücken, die eine gilt von 4° bis 32° und die andere zwischen 32° und 100°. Dieselben lauten:

Für $t = 4^\circ$ bis $t = 32^\circ$ $v_t = 1 - 0,0000023300 (t - 1)$
$+ 0,0000083890 (t-4)^2 - 0,00000007173 (t-4)^3$
für 32° bis 100° $v_t = 0,999695 + 0,0000054724 t^2$
$- 0,0000000011260 t^3$

Kopp giebt für Wasser zwischen 0° und 25° C.
$v_t = 1 - 0,000061045 t + 0,0000077184 t^2$
$- 0,00000003734 t^3$.

Um die Zahlen Matthiessen's, die sich auf das Volumen bei 4° als Einheit beziehen, auf das Volumen bei 0°

1) Siehe die von Matthiessen gegebene Zusammenstellung der Resultate der verschiedenen Beobachter, Pogg. Ann. Bd. 128, S. 534.

zu reduciren, müssen dieselben mit 0,99988 multiplicirt werden.

Wasser.

Temp. C.	Volumen $v^\bullet = 1$	A	$B\,10^{12}$	$M = (A^2-1)v$	$N = B\,v^2\,10^{12}$	$(A-1)v$
0°	1,000000	1,32432	3250	0,75382	3250	0,32432
1	0,999947	1,32432	3250	0,75376	3250	0,32430
2	0,999908	1,32431	3250	0,75372	3249	0,32428
3	0,999885	1,32430	3248	0,75368	3248	0,32426
4	0,999877	1,32429	3247	0,75365	3247	0,32425
5	0,999883	1,32428	3246	0,75362	3246	0,32424
6	0,999903	1,32426	3245	0,75360	3245	0,32423
7	0,999938	1,32424	3245	0,75357	3245	0,32422
8	0,999986	1,32421	3243	0,75352	3243	0,32420
10°	1,00015	1,3241	3240	0,7534	3240	0,32415
20	1,00169	1,3236	3213	0,7532	3224	0,32415
30	1,00423	1,3228	3171	0,7529	3198	0,32415
40	1,00761	1,3216	3122	0,7522	3177	0,32405
50	1,01185	1,3201	3076	0,7514	3149	0,32390
60	1,01684	1,3183	3044	0,7503	3148	0,3237
70	1,02253	1,3162	3043	0,7489	3182	0,3233
80	1,02882	1,3140	3088	0,7475	3194	0,3230
90	1,03568	1,3115	3202	0,7457	3435	0,3226
100	1,04303	1,3089	3405	0,7439	3705	0,3222

Man sieht aus den vorstehenden Zahlen, *daß die von Schrauf gegebenen Größen M und N durchaus keine Constanten sind*, sondern mit der Temperatur stetig variiren. Fielen nicht alle Differenzen auf dieselbe Seite und wären die Zunahmen und Abnahmen nicht so ganz regelmäfsig, wie sie es in der That sind, so könnte man noch zweifelhaft seyn; da das Vorzeichen der Differenzen in der Spalte $\frac{A^2-1}{d}$ aber nie innerhalb der Beobachtungsgränzen ändert, so wird man mit obiger Behauptung wohl kaum irren.

Gleichzeitig bemerkt man, dafs das Dichtigkeitsmaximum nicht im Stande ist die Abnahme sowohl von $\frac{A^2-1}{d}$ als $\frac{A-1}{d}$ zu überwiegen, beide Größen nehmen mit steigender Temperatur immer ab. Auch das »specifische Brechungsvermögen« $\left(\frac{A-1}{d}\right)$, welches nach Gladstone und Dale

constant seyn sollte, wird mit der Temperatur so regelmäfsig
kleiner, dafs hier von einer Constanz keine Rede seyn
kann; auch schon die von ihnen selbst aus ihren eignen
Versuchen für diesen Werth gerechneten Zahlen zeigen die
entschieden ausgesprochene Tendenz bei gröfserer Wärme
abzunehmen.

Dafs auch $N = \frac{B}{d^2}$ mit der Temperatur veränderlich ist,
geht aus der zweiten Tabelle deutlich hervor, selbst wenn
man die Beobachtungen über 60° nicht berücksichtigen will,
da kleine Fehler im Brechungsindex schon einen wesentlichen Einflufs auf den Werth von B ausüben.

Die bisherigen empirischen Beziehungen bewähren sich
also nicht und die sogenannte »specifische brechende Kraft«
ändert sich mit der Temperatur.

Ich halte es für überflüssig, die Einführung neuer Relationen zwischen der Fortpflanzungsgeschwindigkeit des Lichtes und der Körperdichte zu versuchen, da die mathematischen Untersuchungen gewifs bald den gewünschten Auf-
schlufs geben werden und dann blofs noch der Vergleich
der Theorie mit dem Experiment übrig bleibt.

Mit dem Beweise, dafs die Schrauf'sche specifische
Kraft M und sein specifisches Dispersionsvermögen N keine
Constanten sind, der durch die angegebenen Zahlen geliefert worden ist, fallen von selbst alle auf diese Annahme
gegründeten Schlüsse und darauf gestützten weiteren Untersuchungen. Die von ihm aufgestellten Differentialgleichungen werden also durch die Erfahrung nicht gerechtfertigt.